戰爭沒有你想的那麼簡單

玫瑰戰爭╳宗教戰爭╳獨立戰爭╳起義戰爭

潘于真，李亭雨 —— 著

「讓戰爭講述歷史，讓歷史解讀世界」

——戰爭伴隨著人類的誕生而產生，人類社會發展的歷史，也是一部戰爭發展史。

目錄

目錄

前言

「讓戰爭講述歷史，讓歷史解讀世界」——戰爭伴隨著人類的誕生而產生，人類社會發展的歷史，也是一部戰爭發展史。

在歷史的長河中，戰爭的性質、起因、規模、作戰樣式，紛繁複雜、多種多樣。既有種族衝突、宗教爭端引起的戰爭，也有為爭奪領土而引發的械鬥；既有弱小民族、國家為生存、發展而不屈不撓地抗爭，也有弱肉強食的爾吞我併；既有國與國之間、聯盟集團之間的局部衝突，也有數十億人捲入世界級的浩劫和災難；既有遠古時代的冷兵器對殺，也有代表世界最先進科技水準的高科技戰爭。特別是兩次世界大戰，將各國人民推進了空前絕後的深淵，成為世界各國人民最生動、最深刻的歷史教科書。

然而，戰爭不應只帶給那些親身經歷過的人無法癒合的創傷，更多的是對於人類歷史的反思，更多的是認識到它們嚴重的危害性，從而更堅定地維護世界的和平與穩定。

前言

伴隨著戰爭，人類歷史的星空留下了一串串熠熠生輝的名字：凱撒、亞歷山大、彼得大帝、拿破崙、成吉思汗……歷史曾經將自己最波瀾壯闊的一面留給他們，任其譜寫一曲曲高昂雄壯的生命之歌。雖然大部分時間裡國家統一，四海昇平，但戰火洶湧的歲月也貫穿其中。

在中國歷史的長河中，黃帝戰蚩尤，秦始皇統一中國，漢武帝北擊匈奴，隋唐遠征高麗，抵禦外侵的鴉片戰爭，驅逐倭寇的抗日戰爭，推翻蔣家王朝的解放戰爭。所有這些一度打破了泱泱中華帝國的長期平靜。

前事不忘，後事之師。透過編寫本書，我們真誠地希望愛好和平的人們能從以往所發生的戰爭中總結歷史的經驗教訓，研究戰爭的演變進程，探索戰爭的發展規律，從而盡量避免戰爭，實現人類永久和平。

由於作者水準所限，書中難免存在拙劣錯誤之外，如有發現，敬請廣大讀者朋友不吝賜教，予以斧正。

卡迭石戰役

卡迭石戰役

時間　西元前十四世紀末至前十三世紀中葉

參戰方　古埃及與西臺

主戰場　卡迭石

主要將帥　拉美西斯二世（Ramesses II）、穆瓦塔里二世（Muwatalli II）

西元前十四世紀末葉至前十三世紀中葉，古埃及與西臺帝國為爭奪敘利亞地區的控制權展開了延續數十年的戰爭。卡迭石之戰是這場戰爭中的關鍵性戰役，也是古代軍事史上有文字記載的最早的會戰之一。

西元前十四世紀，小亞細亞的西臺帝國崛起；而此時的埃及由於幾任法老放鬆了軍事建設，軍事實力大不如前。西臺乘埃及國力削弱之機，占領了埃及在敘利亞的許多領地。

卡迭石戰役

為爭奪對敘利亞的控制權，古埃及新王國法老拉美西斯二世（前一三〇四年至前一二三七年在位）決心重整軍威。他修建戰車、訓練人馬，擁有了兩千多輛戰車，三萬人兵力，並編成了四個軍團。西元前一二九九年，他率領自己的軍隊，浩浩蕩蕩向敘利亞開去。這時，早有密探將埃及的動向報與西臺國王。於是，敘利亞早已做好了準備，西臺軍見埃及軍來勢洶洶，便施巧計將埃及軍隊誘至軍事要塞卡迭石，並團團圍住了拉美西斯二世的主力。拉美西斯二世將隨軍攜帶的幾十頭戰獅部署在自己車駕周圍，才使西臺士兵不敢靠近。而此時，埃及軍隊的一支後續增援部隊也遭西臺軍伏擊，損失慘重。

後來，西臺軍隊對拉美西斯二世的軍隊發動了進攻。拉美西斯二世陷入重圍，急令後續部隊馳援解圍。援軍猛攻西臺軍隊翼側，終於救出了拉美西斯二世。穆瓦塔里二世為了一舉殲滅埃及軍，動用了最後的力量，命令要塞守軍八千人出城參戰。戰況十分激烈，雙方打得昏天黑地，卡迭石城外屍橫遍野。後來，又有一支埃及援軍加入到戰鬥中，西臺軍隊見一時無法取勝，只好退守要塞，而這時的埃及軍隊已無力再戰，只好收兵撤回了埃及。

此後的二十年中，雙方小規模的軍事衝突綿延不斷，但都沒有取得決定性勝利。

西臺新國王哈圖西里三世（Hattusili III）即位後，他意識到兩國實力已不相上下，再打下去只能兩敗俱傷。於是，他命人用銀板寫上議和文書，送達埃及國王。拉美西斯二世也不想再冒風險去攻打西臺了，正好借此機會禮待來使，修書言和。西元前一二八三年，雙方締結和平條約。

此戰是目前發現的有文字記載的最早的戰爭。從此以後，中東地區一直是戰一時和一時。至今仍是世界上戰亂最多的地方，可謂有史可鑒。

亞述戰爭

亞述戰爭

時間　西元前八世紀至前七世紀

參戰方　亞述

主戰場　兩河流域

主要將帥　提格拉特帕拉沙爾三世（Tiglath-Pileser III）

西元前八世紀至前七世紀末，亞述對毗鄰諸國進行了掠奪戰爭。

亞述人是閃族語系人種的一支，西元前三千年左右，在美索不達米亞北部的底格里斯河畔發展起來，在亞述周圍建起了一個國家，史稱亞述。西元前一二五〇年左右他們征服了蘇美人和喀西特人。西元前一二二五年又攻占巴比倫，開始在美索不達米亞稱霸。

西元前七四五年，亞述國王提格拉特帕拉沙爾三世（前七四五年至前七二七年在位）即位後，為了擴張需要開始進行政治、軍事改革，提高了軍隊的作戰能力。

亞述有先進的軍事裝備。如有用來進攻的「撞角車」，車體覆有金屬、棉被等保護層，車內有人操縱；還有用來攻城的登高雲梯；可以發射石彈的弩；攻城時弓手可以向城內放箭的塔樓；高大的掩體大盾；水攻用的充氣羊皮筏子等。

軍力強大後的亞述，開始有了擴張的欲望。

亞述首先征服的是老對手烏拉爾圖的幾個同盟者，在取得勝利後，與敘利亞六國軍隊展開鏖戰，最終俘敵七萬餘人，烏拉爾圖王棄城而逃。

西元前七四二年，亞述軍隊又出征敘利亞，圍攻阿爾帕德城。這一仗整整打了三年，亞述最終取得了勝利，軍威大振。鄰近各國紛紛臣服。

西元前七三八年，不甘心失敗的十九國聯合起來反抗亞述。雙方大軍在黎巴嫩山區會戰，亞述又取得勝利。各國再次降服。

西元前七三六年，提格拉特帕拉沙爾三世長驅直入烏拉爾圖，圍攻其首都，最後以失敗告終。

西元前七三二年，亞述攻下反叛的大馬士革，並在此設置亞述行省。

西元前七二一年，薩爾貢二世（Sargon II）（前七二一年至前七〇五年在位）當上了亞述國王，率兵攻陷以色列都城撒馬利亞。西元前七一四年，亞述再次侵入烏拉爾圖腹地，攻占了宗教中心穆薩西爾。澈底被打敗了的烏拉爾圖，從此不再和亞述抗衡。

西元前七〇四年，巴比倫王位落入迦勒底國王手中。亞述國王乘機出兵爭奪，迦勒底和埃蘭聯軍沒能阻擋亞述軍隊的進攻，巴比倫城落入亞述手中。西元前六九〇年，埃蘭軍偷襲巴比倫，俘虜了亞述國的王子，幫助迦勒底人奪回了王位。並由此轉入反攻，埃蘭、迦勒底聯軍在亞述邊城哈魯里遭到亞述軍隊的頑強抵抗。戰爭非常殘烈，亞述雖然取得了此戰的勝利，但是傷亡慘重。三年後，亞述重新攻入巴比倫城，俘虜了迦勒底王，巴比倫又落到亞述統治之下。

西元前六七一年，戰爭中逐步強大的亞述沒有停止擴張的步伐，目標又瞄向埃及。亞述軍隊越過西奈半島，攻克下埃及孟菲斯，讓埃及各地王公聞訊臣服。約西元前六五一年，埃及又驅逐了亞述占領軍。

西元前六五五年，亞述入侵埃蘭，攻陷其首都蘇薩。西元前六五二年，埃蘭和反亞述聯軍，對亞述發動戰爭。西元前六四八年，巴比倫城被攻陷，巴比倫國王自焚。亞述騎兵打敗了阿拉伯駱駝兵，降服了阿拉伯。西元前六四二到前六三九年，亞述對埃蘭發起強大攻勢，攻入蘇薩，洗劫全城。埃蘭從此淪為亞述屬地。

西元前六一四年，米底軍隊乘亞述軍隊在外作戰內部空虛之機，攻陷千年古都亞述城。西元前六一二年，迦勒底和米底聯軍又攻陷帝國首都尼尼微，亞述國王自焚於宮中，亞述帝國滅亡。

亞述擴張是承前啟後的戰爭。前有埃及，後有歐洲列強輪番稱霸，今有單極稱霸，人類社會還會上演類似輪回。

波希戰爭

波希戰爭

時間　西元前五四六年至前四四八年

參戰方　希臘和波斯

主戰場　馬拉松平原、溫泉關、薩拉米斯海峽

主要將帥　薛西斯（Xerxes Ⅰ）、列奧尼達一世（Leonidas Ⅰ）

波斯是古代西亞一個奴隸制國家，它是透過征服戰爭而發展起來的大帝國。經過波斯國王居魯士（Cyrus II of Persia）和岡比西斯（Cambyses II of Persia）三十年的內外征戰，一個疆域從印度河流域到愛琴海、從高加索到阿拉伯半島的帝國建立起來了；到大流士一世（Darius I the Great）統治時期（西元前五二二年至前四八六年在位），波斯勢力更進一步擴張，終於成了世界古代史上第一個橫跨歐、亞、非三洲的大帝國。

西元前五一四年，大流士一世準備征服歐洲，在對希臘人和斯基泰人（住在黑海北岸）作了偵察之後，決定先進攻斯基泰人。他在博斯普魯斯海峽架設了一座浮橋，率軍經過此橋。在蹂躪了色雷斯東部地區之後，越過多瑙河，追擊斯基泰人。斯基泰人一路退卻，堅壁清野，終使大流士一世的軍隊給糧接濟不上而折返，並在回程中又不斷地進行騷擾。博斯普魯斯一帶的希臘城邦乘大流士一世失利之機起來造反。大流士一世雖然鎮壓了這些起義，但他深感有必要在歐洲建立一座橋頭堡，作為進攻希臘的前哨陣地。為此，他控制了達達尼爾海峽，占領了色雷斯南部，迫使馬其頓臣服，構成了對希臘的直接威脅。希臘雅典等城邦由於失去了通往黑海的商業交通線，危及其海外利益，因此對波斯的西侵更是難以容忍。波希戰爭不可避免了。

西元前四九九年，波斯遠征納克索斯島失敗，以米利都為中心的伊奧尼亞諸城邦乘機起兵反抗波斯。這次起義得到了希臘本土一些城邦的支援，雅典派戰艦二十艘，安納托力亞出戰艦五艘參加了戰鬥。西元前四九八年，起義者焚燒了波斯一個行省中心薩第斯。由於起義缺乏統一領導而失敗。這次起義使得波斯人對希臘的進攻推遲了十年。大流士一世對雅典援助米利都造反非常氣憤，發誓要向雅典人報仇。

西元前四九二年，一位年輕氣盛的波斯將軍瑪爾多紐斯率軍第一次入侵希臘。瑪爾多紐斯是大流士一世新婚不久的女婿，他要為他的岳父報仇。波斯大軍從達達尼爾海峽出發，分水陸兩路，沿色雷斯海岸向希臘推進。當船隊航行到阿托斯海角的時候，遇到一陣猛烈的北風，許多船隻被吹到阿托斯山上去了，毀壞的戰艦達三百艘，失蹤的人數有兩萬多名。波斯的陸路大軍則遇到色雷斯人的偷襲，瑪爾多紐斯受傷，波斯軍隊只好中途撤軍。

西元前四九〇年，波斯又發動了第二次遠征。出兵之前，大流士一世向希臘各城邦派遣使者，索取臣服波斯象徵的「水和土」。馬其頓、色薩利、彼奧提亞、亞哥斯等城邦都屈服投降，獻出了「水和土」。但雅典把波斯使者扔到了坑裡；斯巴達則乾脆把波斯使者投入井中，讓他自己去取「水和土」。這大大激怒了大流士一世，他決心第二次遠征希臘。這次遠征，從小亞細亞西南的薩摩斯島附近出海，橫渡愛琴海，直往希臘本土。波斯軍隊先在尤比亞島登陸，包圍安納托力亞。安納托力亞人奮戰六天六夜，最後由於叛徒出賣而失敗。接著波斯軍隊向南突進，迅速在阿提卡半島東北部的馬拉松平原登陸。馬拉松平原位於雅典城東四十公里，適於騎兵活動。雅典人為保衛領土，一面派出有重武器的步兵前去迎擊；一面派遣長跑健將菲迪皮德斯(Pheidippides)星夜奔往斯巴達求援，他在兩天內跑了一百五十公里，於九月九日到達斯巴達。斯巴達人雖然同意出兵，但要等到九月十九日夜的宗教節之後，才能出兵援助。這樣，反擊波斯人侵的任務就完全落在雅典身上。

雅典迅即派出一支重裝步兵前往馬拉松，占據有利地形。當時雅典的軍隊由十將軍委員會統帥領導，每位將軍輪流指揮一天。十將軍之一的米塔亞底斯主張一有機會就發動進攻掌握主動，他的意見得到大家的支持。雅典人先伐木築障以防可怕的波斯騎兵，當天負責指揮的米塔亞底斯在黎明前下令發起攻擊。他根據波斯方陣中央強、兩翼弱，習慣從中央突破的傳統戰術，把一萬一千名士兵配置成中央弱、兩翼強的長方陣，決心在波斯騎兵到來之前打敗波斯人。開戰之後雅典人的長方陣中央部分因受到波斯人的衝鋒壓迫而後退，兩翼則趨於合攏，形成對波斯軍的包圍。雅典步兵的長矛和青銅鎧甲較之手持短矛和枝編盾牌、身著有襯墊緊身衣的波斯人占了上風。波斯方陣大亂，擠成一團，成為雅典軍隊攻擊的目標。這一戰，雅典僅傷亡一百九十二人，波斯則損失六千四百人。波斯人還企望取道海路乘虛突襲雅典，但被雅典人識破。米塔亞底斯親率主力及時返回雅典，嚴陣以待。波斯人看到這種情況只好撤退。雅典人獲勝後，又立即派菲迪皮德斯從馬拉松奔回雅典去報喜。他一下子跑了四十二公里，到達雅典城時已經精疲力竭，只喊了聲「我們勝利了」就倒地而死了。

後世為了紀念馬拉松戰役和菲迪皮德斯，就舉行同樣距離的長跑競賽，並定名為馬拉松長跑。

馬拉松戰役後的十年間，就波斯方面來說，當然不服輸，發誓要洗雪馬拉松戰役的恥辱；而希臘各城邦也在加強戰備。雅典用羅立溫銀礦的收入建造了三列槳的軍艦兩百多艘，又建了保衛雅典外港比里猶斯港和雅典城的長牆，加強了雅典的防衛力量。

西元前四八〇年春末，波斯發動了第三次入侵。波斯大軍由繼承王位的大流士一世長子薛西斯率領，用了七天七夜的時間，才全部通過達達尼爾海峽用船搭成的浮橋。海軍總數近五十二萬人，步兵人數一百七十萬，騎兵八萬，加上阿拉伯駱駝兵和利比亞戰車兵二萬，水陸師總人數共達二百三十一萬餘人。而這只是從亞洲本部來的兵，從歐洲來的大軍還有三十萬人；至於隨軍勤雜和運糧人員等等，和士兵人數相等，那麼全部入侵人數竟達五百二十八萬多人。

西元前四八〇年七八月間，波斯陸軍毫無阻擋地到了德摩比利（俗稱溫泉關）附近的烏里斯，海軍也駛至阿佩泰附近。德摩比利是希臘北部一個狹窄的隘口，隘口的一面是難以通行的高山，另一面是陡峭的海岸，形勢極為險要，希臘人認為這是唯一可以抵擋波斯大軍的天然關口。守衛關口的有斯巴達步兵三百人，其他各邦軍隊約五千人，由斯巴達國王列奧尼達一世統領。希臘的艦隊也駛往優卑亞北部的阿爾特米西恩灣，列陣以待，由雅典將領地米斯托克利（Themistocles）指揮。波斯人的艦隊在希臘艦隊稍北處列陣。薛西斯的進攻推遲了四天，他還指望著希臘人會望風而逃，可是到了第五天，他看到希臘人並未退卻，便下令陸海軍一起猛攻。海上會戰持續了三天，互有勝負。

在陸地上，波斯人對德摩比利的希臘守軍發動了一次又一次的猛攻，都遭到慘重的失敗。隘口的狹小通路使波斯人不能同時向那裡調遣大量兵力。就在波斯軍隊一籌莫展時，一個企望從薛西斯那裡得到一筆重賞的希臘叛徒給波斯人帶路，從山間小路繞過德摩比利陣地。斯巴達國王列奧尼達一世從波斯軍的一些投誠者和自己的偵察兵那裡得知波斯人迂迴小路包抄的消息，深知再也守不住了。他命令希臘其他城邦的軍隊撤退，自己則帶領三百名斯巴達士兵堅守陣地，最終全部犧牲。

德摩比利戰役失敗以後，希臘的希望完全寄託於海軍了。地米斯托克利說服了斯巴達人，將一切海軍力量集中起來，進行最後的海上決戰。希臘人知道到他們的水上力量有限，只能在狹窄的水域裡取勝。西元前四八〇年九月二〇日，薩拉米斯海戰開始。波斯艦隻在狹窄的海面上，不能排成展開的戰鬥隊形，只能前後連成長線，既不能充分發揮威力，也不能給希臘船隻以有力的打擊。

經過一天的鏖戰，被擊沉的波斯船隻有兩百多艘，五十艘被俘；希臘人只損失了四十艘。波斯將領陣亡者不少，淹死者更多。薛西斯的弟弟、水師提督阿里阿比格涅斯也死於亂軍之中。在山上觀戰的薛西斯，見此情景不禁失聲大哭起來，為避免全軍覆沒，慌忙下令退兵。

薩拉米斯海戰扭轉了整個戰局，從此希臘聯軍轉入了反攻。從西元前四七九年至前四四九年，戰爭進入第二個階段。此時的斯巴達因無海外利益，退出聯軍，雅典掌握了戰爭的全部領導權。為了澈底戰勝波斯，西元前四七八年，雅典和一切願意繼續對波斯戰爭的希臘城邦，組成提洛同盟（因同盟會議的會址和金庫設在提洛斯而得名，入盟城邦最多時曾達三百多個）。

希臘人取得了一系列戰鬥勝利，波斯軍隊屢遭失敗，元氣大傷。雙方於西元前四四八年簽訂了和約，波希戰爭至此正式結束。

波希戰爭是小國打敗大國、弱國打敗強國的一個光輝範例。為以後希臘的強盛打下了基礎。

伯羅奔尼撒戰爭

伯羅奔尼撒戰爭

時間　西元前四三一年至前四〇四年

參戰方　雅典同盟和伯羅奔尼薩斯同盟

主戰場　伯羅奔尼薩斯

主要將帥　阿基達馬斯（Archidamus II）、阿爾西比亞德斯（Alcibiades）

希臘城邦在波希戰爭中的勝利，蕩平了波斯在愛琴海上的勢力，也使得地中海上盛行一時的海盜活動平息了下來。雅典以提洛同盟為基礎建立起霸權，到西元前五世紀中期伯里克里斯（Pericles）統治時期，進入了空前繁榮的時期。這時的雅典成了希臘世界最宏偉富麗的城市。它不僅重建了被波斯人毀掉的城牆，還加強了比雷埃夫斯港的設防工程。海港周圍築城長達十公里，雅典和比雷埃夫斯港之間又築護衛長牆相連。雅典衛城上，還建造了舉世聞名的帕德嫩神廟，廟內有雕刻精美絕倫的雅典娜女神像。

南希臘伯羅奔尼薩斯半島上的斯巴達，是希臘最大的一個農業奴隸制城邦。約西元前五二五年，斯巴達以武力脅迫伯羅奔尼薩斯半島上的大多數希臘城邦組成以它為首的伯羅奔尼薩斯同盟，以便聯合鎮壓奴隸暴動。

斯巴達的貴族政治和雅典的奴隸主民主政治存在著很大的矛盾。伯里克里斯到處扶植反斯巴達勢力，斯巴達則極力支持各地反雅典的政權。雙方都用各種手段和方法干預中小城邦的內政。斯巴達和雅典之間在經濟上也有深刻的矛盾。伯羅奔尼薩斯同盟中有大工商業城邦科林斯，科林斯一向在希臘西部沿海和西西里島等地擁有巨大的經濟利益。而雅典勢力逐漸自東向西，侵犯科林斯的勢力範圍，就和科林斯發生了尖銳的衝突，發展到兵戎相見。

伯羅奔尼撒戰爭

戰爭前夕，雅典陸上力量有一萬三千名重裝步兵，防守雅典要塞牆的兵士一萬六千名，騎兵（包括騎兵射手）一萬兩千名，另外還有一萬六千名徒步弓箭手，總兵力為四萬一千多人；海上力量有三百艘三列槳戰艦。從經濟能力上看，雅典的經濟力量也比較充裕。雅典城內有六千塔蘭特銀幣和各私人或國家所捐獻而未鑄成貨幣的金銀；還有在賽會遊行和競技時所用的禮神杯盞和器皿，也有來自波斯人的戰利品以及其他一切一切的資源，其總數也不下於五百塔蘭特。別的神廟中所存的金錢，在必要時也可以取來用，其數目也是很可觀的。

雅典的同盟者有：城郊希俄斯、列斯堡、普拉提亞、科西拉、薩星修斯以及阿開那尼亞的大部分，還有其他一些城市和地區。有的提供艦船，有的提供步兵和金錢。

斯巴達的軍事力量是由伯羅奔尼薩斯各城邦和彼奧提亞共同組成的六萬名重裝步兵。海軍雖然也有三百艘三列槳戰艦，但戰鬥力遠不能和雅典相比；經濟力量更不及雅典，它是一個農業奴隸制城邦，工商業遠遠落後於雅典。站在斯巴達一邊的同盟者，除伯羅奔尼薩斯各國以外，還有墨伽拉人、彼奧提亞人、羅克里斯人、佛西斯人、安布累西阿人、琉卡斯人和安那克托里亞人。其中有七個國家提供艦船，三個同盟者供給騎兵，其餘各國都提供步兵。

西元前四三一年至前四二一年這十年是戰爭第一個階段。西元前四三一年三月，斯巴達的同盟者底比斯夜襲雅典同盟者普拉提亞而戰爭正式爆發，之後斯巴達介入使戰爭全面展開。西元前四三一年五月，斯巴達國王阿基達馬斯率兵入侵阿提卡，毀掉雅典人的莊稼，搶劫村落住宅。住在阿提卡郊區的農民採取「堅壁清野、固守城垣」的方針。他們把妻室兒女以及日用家具都從郊外搬進雅典城中，連屋中的木門木窗也都拆下來搬走了；牲畜則趕到尤比亞島及海岸附近的島嶼。農民遷入雅典城後，大部分人沒有房子住，就住進廟宇和神殿中，還有不少人住在城牆上的譙樓之中。之後人越來越多，只要有空隙的地方，都住滿了人。與陸上的困境相反，雅典的艦隊則發揮其優勢活躍於海面上。他們進攻伯羅奔尼薩斯沿岸各地，使科林斯等城邦無法進行與海外的貿易往來，並對斯巴達入侵阿提卡採取報復行動。

雅典鼓動斯巴達的奴隸希洛人起義，而斯巴達則發兵進攻愛琴海北岸，鼓動雅典的同盟國反叛。次年，斯巴達軍又侵入阿提卡。阿提卡農民再度避入城內。這時正值瘟疫由埃及傳至比雷埃夫斯，並迅速蔓延開來，瘟疫奪取了雅典四分之一的人口。同時，雅典出現了空前的違法亂紀現象，對神不畏懼了、法律也沒有約束力了。雅典處於極度的混亂、恐慌和災難之中。當政者伯里克里斯本人也難逃劫數，西元前四二九年死於瘟疫。雅典城外的田地則受到斯巴達軍隊的嚴重蹂躪，無法進行農業生產。有的盟邦乘機叛離雅典。

伯里克里斯死後，雅典內部出現了主戰派和主和派的激烈鬥爭。主戰派代表工商業者向外擴張的要求，那些失去生產力專靠國家救濟的貧民最易接受野心家的煽動，成為海外冒險事業的竭力支持者；主和派則代表農民和經營土地的奴隸主的利益。西元前四二四年斯巴達進攻色雷斯沿岸的安菲波利斯。主戰派首領克里昂（Cleon）於西元前四二二年在指揮安菲波利斯戰役時失敗，他本人也陣亡。第二年四月，雅典主和派將軍尼西阿斯（Nicias）與斯巴達舉行了和平談判，締結了《尼西阿斯和約》。和約規定停戰五十年。締結和約後六年十個月裡，雅典和斯巴達雙方沒有發生過互相侵略的行動。但除了這兩個城邦外，希臘城邦之間的戰爭從未停止過，終於導致戰事又起。

西元前四二〇年前後數年間，在雅典政治舞臺上起重要作用的是阿爾西比亞德斯。他是雅典富有公民、著名海軍將領克雷尼亞斯（Clinias）的兒子，又是伯里克里斯的親戚，在雅典素負盛名。但此人好大喜功，善於投機取巧。他有強烈的欲望，希望由他來征服西西里和迦太基。西元前四二〇年他當選為雅典將軍，提出了進攻西西里島重要城市敘拉古的冒險計畫，以他那富有煽動性的演說獲得公民大會的通過。阿爾西比亞德斯、尼西阿斯、拉凱斯三人被任命為遠征軍將領。西元前四一五年雅典派出一支大軍，有一百三十四艘三層戰艦和兩艘五十槳大船。其中重裝步兵五千一百人，弓箭手四百八十人，另外還有投石手、輕裝步兵；軍需品由三十艘商船運載。全軍有三萬人以上的兵力。六月，阿爾西比亞德斯率遠征軍士兵列隊甲板，傾酒祭奠，縱隊出港向西西里出發。就在遠征軍出征途中，從雅典派來一艘「薩拉米」號戰艦，要求阿爾西比亞德斯和其他幾個人回國受審。阿爾西比亞德斯只好交出指揮權，乘自己的船跟隨「薩拉米」號返回，當船到義大利圖里翁時，阿爾西比亞德斯乘隙逃脫，投靠雅典敵人斯巴達。他向斯巴達提出兩項建議：一、斯巴達應立即派一支艦隊援助西西里；二、斯巴達遠征軍應長期占領雅典近郊的狄克利亞。斯巴達完全接受了這兩項給雅典以致命打擊的建議。

最初，雅典軍圍困西西里、敘拉古時曾取得一些勝利，為取得更大勝利，又向伊達拉里亞和迦太基求援。這時正好增援騎兵趕到，送來三百塔蘭特白銀，又從義大利各地送來了糧食，雅典軍心大振。敘拉古不得不跟尼西阿斯商談投降條件。正在這時，斯巴達、科林斯的援軍先後趕到了。他們重新組織進攻，占領了不少雅典軍陣地。雅典軍反而陷於困境之中，尼西阿斯只得再向雅典呼救求援。西元前四一三年，德摩斯梯尼（Demosthenes）和攸利密頓帶著雅典援軍到了，大約有七十三艘戰艦、五千名重裝步兵以及其他必需品，但仍挽回不了戰局。德摩斯梯尼認為戰爭前途無望，主張立即撤退；尼西阿斯認為雅典軍雖處劣勢，但不同意立即撤退，以免公開暴露出自己的弱點，況且這時還有海上力量可以指望。但是從伯羅奔尼薩斯不斷開來的援軍，從陸上和海上同時進攻雅典軍隊。雅典軍隊狀況日益惡化，於是決定祕密撤退。當他們要登船啟航時（西元前四一三年八月二七日），突然發現月食，迷信的尼西阿斯根據預言家的預言，認為是不祥之兆，決定另擇吉日，這樣便延緩了撤退日期。敘拉古乘此機會從陸上打敗了雅典騎兵和重裝步兵，又集中戰船進行海戰，結果俘獲雅典艦船十八艘；並將戰船排成一個月牙形陣勢，把船隻鎖在一起，連成一線封鎖港口，斷了雅典軍隊的退路。雅典軍隊進退維谷，便決定孤注一擲，在海上一決雌雄，結果再次受挫。雅典損失戰艦五十艘，遂決定從陸上撤退。他們先向敘拉古城西北的內陸撤退，因被敘拉古軍所阻，被迫折向海邊，後又向南沿海岸撤退。斯巴達和敘拉古軍緊追其後。德摩斯梯尼所率後路部隊六千人損失慘重，被迫投降，交出了他們所有的金錢。第二天，斯巴達和敘拉古軍又趕上尼西阿斯所率的前鋒部隊。經過激戰，尼西阿斯部隊被殺死者達一萬八千人，尼西阿斯率殘部投降。尼西阿斯和德摩斯梯尼投降後亦被殺死。

西元前四一三年戰爭再起，斯巴達採納阿爾西比亞德斯獻計。在狄克利亞設防，長期駐紮不走，不斷對雅典進行侵擾破壞。在大敵壓境的情況下，雅典的兩萬名手工業奴隸集體逃亡，使得雅典經濟遭到沉重打擊；盟國也紛紛叛離，以致使提洛同盟瓦解。西元前四一三年，雅典動用了最後一筆一千塔蘭特存款，建造了一百五十艘三層戰艦，準備作最後的戰鬥。而斯巴達則與波斯結盟，波斯向斯巴達提供金錢援助。這時流落在小亞細亞波斯人那裡的阿爾西比亞德斯與波斯人關係惡化，他開始和雅典海軍談判，表示願意返回祖國。阿爾西比亞德斯回國後，當選為雅典海軍總指揮。他後來在阿卑多斯和塞西卡斯擊敗伯羅奔尼薩斯艦隊，恢復了雅典在拜占庭的統治，開啟了雅典從黑海地區輸入糧食的通路。西元前四〇七年，阿爾西比亞德斯回到雅典，被選為有無限權力的獨裁將軍。西元前四〇六年三月的諾丁姆戰役，斯巴達海軍將領呂山德（Lysander）率領的艦隊大敗雅典海軍。這次失利，引起雅典人對阿爾西比亞德斯的不滿，他被解職後，去了色雷斯。西元前四〇四年，在他去佛里幾亞的途中被波斯人刺殺了。

西元前四〇六年八月，在阿吉紐西島，雅典人以其最後裝備起來的一百一十艘艦船打敗了伯羅奔尼薩斯艦隊。這次戰役結束後，由於雅典貴族寡頭分子的陰謀，指揮雅典艦隊作戰的十位將軍被指控，結果六人被處死，兩人逃出雅典。這大大削弱了雅典的海軍。

西元前四〇五年，斯巴達將領呂山德（萊山德）將兵力集中在達達尼爾海峽附近。這時雅典艦隊正停泊於海峽的羊河口一帶，士兵們上岸後又分散在多處，呂山德率斯巴達海軍猛攻雅典艦隊。雅典一百八十艘艦船除九艘逃跑外，其餘一百七十一艘全為呂山德所俘；岸上士兵也多被俘虜，除極少數外全被處死。羊河口之役標誌著雅典海軍的最後一次潰敗，從此雅典一蹶不振。接著呂山德又沿海路南下進攻雅典城，用一百五十艘艦船封鎖了比雷埃夫斯港口；斯巴達的另一支軍隊又從陸路包圍了雅典城。西元前四〇四年四月，主和派的貴族集團乘機大肆活動，被圍困四個月的雅典終於投降了。伯羅奔尼撒戰爭至此結束。雅典被迫接受斯巴達提出的條件，拆毀防衛長牆和要塞，放棄被占領地區，交出全部戰艦，解散雅典的海上同盟——提洛同盟。雅典的統治地區僅剩下阿提卡和薩拉米斯島。

這場戰爭是希臘歷史的轉捩點。希臘的奴隸制城邦從此走向衰落，城邦制度也就逐漸退出了歷史舞臺。

薩莫奈戰爭

薩莫奈戰爭

時間　西元前三四三年至前二九〇年
參戰方　薩莫奈人與羅馬人
主戰場　義大利
主要將帥　蓬提阿斯

薩莫奈戰爭是羅馬共和國征服中部義大利期間發生的戰爭。

羅馬原是台伯河畔的一個小城邦，周圍是拉丁平原，土地肥沃，適宜經營農業和畜牧業。居民主要是拉丁人，在羅馬城邦的北面有比較強大的伊特拉斯坎城邦，南面有一些拉丁城邦。在西元前四世紀，羅馬勢力自北向南，伸入義大利半島中部，逐漸與薩莫奈人發生衝突。薩莫奈人是一支生活在亞平寧山區的強悍部族。為尋找良好牧場，掠取戰利品，他們經常遷徙並襲擊鄰近地區，西南部富饒的坎帕尼亞就是一個合適目標，可此地也一直為羅馬奴隸主所垂涎。

西元前三四三年，薩莫奈人侵入坎帕尼亞後，羅馬便以坎帕尼亞向其求援為由出動軍隊，第一次薩莫奈戰爭爆發。西元前三四二年羅馬人雖在芝特高魯斯獲勝，但損失慘重。西元前三四一年雙方簽訂和約，羅馬占領加普亞及坎帕尼亞大部，薩莫奈人也在捷努阿姆確立統治地位。西元前三二七年羅馬圍攻沿海城市拿坡里，成為第二次薩莫奈戰爭的導火線。起初，羅馬人在平原地帶接連獲勝。但在西元前三二一年，薩莫奈人在卡夫丁峽谷成功地伏擊羅馬人，五萬羅馬大軍被迫投降，在薩莫奈將軍蓬提阿斯面前，所有羅馬戰俘「從軛門下通過」，即把兩支長矛插入土中，另一支長矛橫在頂上，戰俘由下依次而過。這正是傲慢的羅馬人常用來侮辱別人的方法。薩莫奈人正是以其人之道，還治其人之身。這奇恥大辱使羅馬人刻骨銘心。羅馬人調整軍隊，改進戰術，在西元前三一四年塔爾拉齊郡一役把薩莫奈人趕出坎帕尼亞。薩莫奈人並不甘心，不久又組成了聯盟，襲擊羅馬前哨陣地。西元前二九八年第三次薩莫奈戰爭開始。西元前二九六年薩莫奈人在埃斯魯人、高盧人援助下在薩索費拉托與羅馬軍隊激戰，羅馬人獲勝。西元前二九三年薩莫奈人在阿奎洛尼亞戰鬥中再次敗北。西元前二九〇年薩莫奈人被迫投降割地，加入羅馬聯盟。在長期的對外戰爭中，羅馬掠奪了大量的土地、戰俘、金錢和其他財富，社會經濟得到了高度的發展，階級關係發生重大變化，推動了羅馬社會不斷前進。

三次薩莫奈戰爭後，羅馬在義大利中部確立了統治地位，這是建立羅馬霸權的重要一步。

亞歷山大東征

亞歷山大東征

時間　西元前三三四年至前三二五年

參戰方　馬其頓與波斯

主戰場　伊蘇斯、泰爾

主要將帥　亞歷山大大帝（Alexander）、大流士三世（Darius III）

伯羅奔尼撒戰爭使希臘諸城邦大傷元氣，再也無力恢復。馬其頓位於巴爾幹半島希臘東北部，它在腓力二世統治時期（西元前三五九年至前三三六年在位）開始強大起來。腓力二世憑藉強大的軍事力量實行專制統治，開始奪取一個個衰落的希臘城邦。許多希臘奴隸主珍惜自己的財產甚於國家的獨立，都樂意屈服於馬其頓，希望強大的馬其頓國家比城邦更能保證他們對奴隸和窮人的統治；但也有持反對態度的奴隸主組成了聯軍，反對馬其頓入侵。西元前三三八年，馬其頓軍隊大敗希臘聯軍於喀羅尼亞城下，確立了在全希臘的霸主地位。他的下一步就是要侵略東方，征服波斯。

西元前三三六年，腓力二世遇刺身亡，他的兒子亞歷山大登上了王位，時年二十歲。亞歷山大意志堅強，能同士兵同甘共苦。

亞歷山大東征

西元前三三四年春，他率領三萬名陸軍、五千名騎兵組成的希臘和馬其頓聯軍渡過達達尼爾海峽，走上了入侵波斯的征途。亞歷山大軍隊的主力是馬其頓弓箭手、標槍兵、克里特輕裝步兵和色雷斯士兵，主要的攻擊力是騎兵。如果騎兵的衝擊未決勝負，就要靠步兵的方陣（即著名的馬其頓方陣）。這種方陣是腓力二世發明的，到了亞歷山大手裡有了進一步的完善。方陣以裝備有盔甲、短箭、長矛和盾牌的重裝步兵為主，隊形密集，縱深達十六排，士兵手持馬其頓矛。第一排的矛有兩公尺長，矛的長度逐排增加，到第六排矛長幾乎達六公尺。在戰鬥中，六排士兵的矛能同時協同行動。方陣前有輕裝步兵，側翼是騎兵。方陣嚴整堅實，前面長矛如林，以排山倒海的威力逼向敵方。在戰場狹窄時可以拉長為長方隊形；如果遇到敵方包抄，方陣中央向前突出成凸形；防禦時隊形可以緊縮，盾牌相接成一排排盾牆，猶如銅牆鐵壁，這種方陣能在平原地區發揮威力。

渡海峽時，亞歷山大親自在旗艦上掌舵，第一個登上亞洲大陸。五至六月間，亞歷山大軍隊在格拉尼庫斯河畔與波斯軍隊第一次相遇。亞歷山大衝殺在前，衝破了波斯人的戰線。波斯國王大流士三世的希臘僱傭兵大部分被殺，二千名倖存者被押送回馬其頓。亞歷山大把這次戰爭中繳獲的三百副甲冑以腓力二世和希臘人（斯巴達除外）的兒子的名義，奉獻給了雅典娜神廟。

西元前三三四年至前三三三年冬季，亞歷山大征服了整個小亞細亞西部，並向波斯腹地推進。西元前三三三年夏，雙方在敘利亞北部的海城伊蘇斯附近展開一場大戰。波斯國王大流士三世派出三萬名騎兵、二萬名輕裝步兵，前往皮拉穆斯河南岸，作為先遣部隊阻擋敵軍；主力則在皮拉穆斯河北岸展開，中央是三萬名僱傭兵，兩翼配置了六萬名青年兵和弓箭手；另外在左翼前方綿延曲折的山坡上部署了二萬名輕裝步兵，在右翼海邊設置了一些障礙物。大流士三世想以中央牽制馬其頓的主力方陣，集中兵力突破左翼，然後從側面或背後攻擊方陣。亞歷山大觀察了波斯軍的陣勢之後，作了一個完全相反的部署。他以左翼牽制波斯軍的右翼，集中右翼騎兵衝擊波斯軍左翼，然後從側後向波斯軍中央陣線進攻。交戰一開始，馬其頓軍的右翼快速前進猛插河邊，全軍霎時喊聲震天，以雷霆萬鈞之勢衝向敵軍；波斯軍隊被馬其頓軍的氣勢所壓倒，慌忙調頭逃跑，亂作一團。馬其頓騎兵則乘機衝殺，使波斯軍左翼很快崩潰。身居主帥的大流士三世被激戰的陣勢嚇破了膽，竟丟棄全軍第一個逃跑。正在激戰的波斯騎兵，看到大流士三世逃跑了，軍心動搖便停止戰鬥，迅速撤退。伊蘇斯一戰，亞歷山大以三萬人的軍隊戰勝了十六萬波斯大軍，還俘虜了大流士三世的母親、妻子和兒女，以及大量的金銀財寶。

伊蘇斯戰役之後，亞歷山大揮師南下，進軍敘利亞和腓尼基，目的是想切斷波斯海軍和陸上基地的聯繫。亞歷山大傲慢地拒絕了大流士三世的議和請求，他自己要當亞洲之王。在南下占領了畢布勒和西頓後，他開始了對島城泰爾長達七個月的圍攻。

泰爾位於距海半英里的一座島上，城四周有高聳的城牆，並有大批戰艦控制著海面。亞歷山大開始修一條通往該城的海堤，但堤壩接近泰爾城時，卻受到城內軍民的打擊而無法接近泰爾的城牆。城內軍民還使用火船攻擊，燒毀了馬其頓軍用以掩護築堤的木塔，接著乘船追擊摧毀了一段海堤。亞歷山大認知到，單靠陸上作戰而不控制海面，是無法攻破城池的。於是，他從沿海被占領的地區徵集了一百五十艘戰船，加上賽普勒斯諸王投靠的一百二十艘船，聲勢大振，開始第二次圍攻島城。這次他先派艦隊封鎖了該城的海路，使泰爾海軍無法出擊；同時加緊海堤的修築，並製造擂石器、木塔、撞城槌等各種攻城器械，用船隻把這些攻城器械運到泰爾城下。但泰爾軍民射箭投石，阻止馬其頓艦隻靠近城牆。亞歷山大決定搬掉海裡的巨石。他們仿照泰爾人造了一些裝甲大船，前往阻擊，擋住了泰爾人戰船和箭石的攻擊；又克服重重困難，將一塊塊石頭從海裡拉了上來，裝上戰艦，拋到深水之中，使得馬其頓艦隻駛到了城下，完成了對泰爾城的包圍。面對這種不利局勢，泰爾軍民決定發動海上突擊。七月的一個中午，乘馬其頓軍隊吃飯之機，十艘裝有精兵的泰爾戰艦出城攻擊，但受到賽普勒斯和馬其頓艦隊的聯合夾擊，不得不退回城中。攻城時機成熟了！亞歷山大命令用撞城槌猛轟城牆，在南面港口的附近轟塌一處城牆。馬其頓軍乘機加緊攻擊，擴大突破口。賽普勒斯和腓尼基艦隊也同時向南北兩港發起攻擊，還有一些船隻裝載擂石器、石彈和弓箭手，繞城航行進行機動射擊。在馬其頓軍隊的全面攻擊下，終於完全打開了突破口。亞歷山大率軍打退了出來阻擊的泰爾人。泰爾陷落，這是西元前三三二年七月的事，它是亞歷山大最有名的一次攻城戰。亞歷山大在城內進行了極其殘暴的大屠殺，八千人被殺死，三萬人被賣為奴隸。隨後亞歷山大又南下占領了埃及。西元前三三一年春，他回到了泰爾，下一步準備進軍美索不達米亞。

西元前三三一年夏，亞歷山大率軍在尼尼微附近的高加米拉村與波斯軍進行決戰。

亞歷山大的兵力為七千名騎兵和四萬名步兵；而大流士三世的兵力遠遠超過這個數目，大約有四萬名騎兵和一百萬步兵，大多是臨時強制徵集而來，戰鬥素養很差。為了對付馬其頓方陣，大流士專門組織了兩百輛車輪上裝有尖刀的戰車車隊，配有戰象。波斯軍分成前後兩陣，前陣的左右兩翼由各部落的御林軍和騎兵組成，左翼再配有一百輛戰車，右翼五十輛；中央方陣是波斯皇家部隊，由大流士直接指揮。陣前還有十五頭戰象和五十輛戰車，陣後幾乎全由步兵組成。波斯軍擺好陣勢後，由於正面沒有塹壕掩護，同時又害怕馬其頓軍隊隨時都可能在夜間進行突襲，所以就全副武裝站了整整一夜，第二天整個部隊人困馬乏。而亞歷山大在掌握了波斯軍部署和意圖之後，採取了相應的對策：他讓士兵吃飽睡足；將精銳騎兵配置在右翼，左翼是輕裝步兵，中央是方陣，由亞歷山大親自掌握。他在方陣之後又部署了一個後方方陣，準備從後方包圍敵人，並防止中央方陣出現漏洞。

十月一日清晨，亞歷山大立即率騎兵直衝大流士三世所在的中央。嚇壞了的大流士三世在他的衛隊掩護下第一個扭轉馬頭溜之大吉。波斯軍隊軍心動搖，開始退卻。戰鬥持續到天黑波斯軍敗北，馬其頓軍占領了波斯軍隊的營地，繳獲了大量戰利品，並一口氣追擊了五十多公里。大流士僅帶了三千名騎兵和六千名步兵，逃往米底亞首府埃克巴坦那。這一戰的失敗，使波斯帝國的心臟地區暴露在馬其頓人面前。亞歷山大隨後進占巴比倫城，接著又占領波斯首都蘇薩，掠走了五萬塔蘭特的財富。在波斯舊都波斯波利斯，亞歷山大焚燒了王宮，掠走十二萬塔蘭特金銀，作為對波希戰爭中波斯入侵希臘的報復。西元前三三〇年春，亞歷山大北上米底亞。同年夏天，擒獲了殺死大流士自立為王的巴克特里亞總督貝蘇斯（Bessus），按照波斯刑法處死。

這樣，亞歷山大取代了波斯阿契美尼德王朝的統治，他成了「波斯帝國之王」、「亞洲之王」、「王中之王」。

對此亞歷山大並沒滿足，他又遠征中亞。他在中亞轉戰近三年時間，不斷受到游牧民族的騷擾和襲擊，無法在中亞建立穩固的統治。西元前三二七年春，亞歷山大從巴克特里亞向印度進軍，侵入印度河上游地區。西元前三二六年七月，亞歷山大在希達斯皮斯河進行了他的最後一次大戰。由於他的部隊疲憊不堪而拒絕繼續前進，亞歷山大不得不下令退兵，回程中歷盡艱苦，損失極為慘重。西元前三二五年，他回到了巴比倫城，並定都於此。

亞歷山大經過大規模的軍事遠征，在遼闊的土地上建立起一個前所未有的大帝國。帝國的版圖，西起希臘、馬其頓，東至印度河流域，南臨尼羅河第一瀑布，北抵多瑙河。

西元前三二三年六月初，亞歷山大在一次酒宴後染病，六月一三日去世，時年三十二歲。他死後，手下的部將紛紛擁兵自立，相互混戰，帝國迅速瓦解。

亞歷山大的東侵，擴大了歐洲人的眼界，但也給東方國家的人民帶來巨大的災難。推動了希臘與東方的經濟文化交流。

布匿戰爭

布匿戰爭

時間　西元前二六四年至前一四六年
參戰方　古羅馬與迦太基
主戰場　特拉西梅諾湖畔、卡內
主要將帥　漢尼拔（Hannibal Barca）、弗拉米尼烏斯（Gaius Flaminius Nepos）、西庇阿（Scipio）

西元前三世紀至前二世紀，地中海古羅馬與迦太基之間的爭霸戰。因羅馬人稱迦太基為布匿，故稱布匿戰爭。

羅馬史的最古時期稱為「王政」時期。傳說這個時期先後經過七個王，約統治了兩百五十年。大約在西元前五一〇年，羅馬廢除「王政」，成立了共和國。共和國的首領初稱軍政長官，後改稱「執政官」，由百人團會議從貴族中選舉產生。執政官共二人，有同等權力，是國家的最高統治者和法官，也是軍隊的最高統帥。執政官身穿鑲有暗紅邊的衣袈，出門時有護從一二人，肩荷笞棒一束，中插戰斧，象徵國家最高長官的權力。這種笞棒稱「法西斯」，近代義大利法西斯黨即由此得名。

迦太基位於現在北非突尼斯。相傳這個城市是由腓尼基移民建立的。後來成了地中海上一大商業樞紐，奴隸主素以經商和航海著稱。不列顛的錫、西班牙的金、銀、鉛，北海沿岸的琥珀，非洲的奴隸、象牙、金砂等都集散於此，幾乎壟斷了整個地中海的商業。

早在西元前七世紀，迦太基已發展成為西部地中海強大的國家，統轄北非西部地中海沿岸、南西班牙、西西里大部、科西嘉、撒丁和巴利亞利群島等廣大的地區。迦太基是一個奴隸制共和國。國家政權掌握在大土地所有者和富商手裡。國家最高首領有兩人，稱「蘇菲特」，相當於羅馬的執政官。

西元前三世紀，迦太基是地中海一個主要商業港口，奴隸和商業貿易極盛。在羅馬興起之前，迦太基稱霸於西地中海，擁有一支由僱傭兵組成的強大軍隊。羅馬共和國統一義大利半島後，國勢日盛，其擴張勢頭直指迦太基，引起了雙方的戰爭。

西元前二六四年，地處義大利、西西里海峽要地的美西納，由於僱傭兵起義而發生危機，遂向迦太基和羅馬兩方求救。迦太基和羅馬先後派兵前來干預，雙方為各自利益互不相讓，終於導致了第一次布匿戰爭的爆發。西元前二六〇年，羅馬在義大利南部希臘人的幫助下，建立了第一支龐大的艦隊，船隻結構跟迦太基人的一樣，也是槳式戰船。但羅馬人製造了一種叫做鉤板的機械。這是一條兩百九十多公尺長的板子，以桅杆為樞紐，長板前端裝一鐵鉤用來鉤住敵船，這樣不習慣水戰的羅馬人就可沿長板衝向敵船，在甲板上打一場陸地戰，發揮羅馬軍團人數多的優勢。這種戰術保證了羅馬人在以後的海戰中占了上風。西元前二四一年三月，羅馬的兩百艘戰艦在伊幹特群島大敗迦太基海軍。迦太基不得不求和，賠款三千三百塔蘭特，羅馬取得了西西里及其他一些島嶼；嗣後羅馬又乘迦太基僱傭兵起義之機，出兵占領了科西嘉和薩丁尼亞兩個島嶼。迦太基為了挽回失地，西元前二二一年，任命二十五歲的漢尼拔為主帥，又開始了第二次布匿戰爭。

漢尼拔出身於一個軍事貴族家庭，他的父親哈米爾卡（Hamilcar Barca）是迦太基的著名將領。漢尼拔自幼隨父從軍，受過良好的軍事訓練和外交才能的培養，懂好幾種語言，善於擊劍和騎馬，他身體強健，是一個優秀的賽跑選手。漢尼拔智勇超人，具有瘋狂的熱情和豐富的軍事經驗，他能發動不同國籍的人為他作戰，並無條件地服從他。他生活簡樸，極能吃苦，常常披著斗篷睡在放哨戰士中間，和士兵同甘共苦。戰時，他往往第一個投入戰鬥，戰鬥結束後最後離開戰場。這些使得他深受士兵的愛戴，但他對下屬的懲罰及其殘酷程度卻又達到毫無人性的地步。

西元前二一八年四月，漢尼拔率領九萬名步兵、一點二萬名騎兵和三十七頭戰象，越過了庇里牛斯山脈，又巧妙渡過厄波羅河，開始了對義大利的遠征。九月，漢尼拔大軍抵達阿爾卑斯山麓，準備翻越這座山後，出其不意地進攻羅馬後方，這在歷史上是一個驚人之舉。阿爾卑斯山山高坡陡，道路崎嶇難行，山頂終年積雪，氣候極為惡劣。人和牲畜在崎嶇的小道上行走，稍不留意就會掉進萬丈深淵，加上沿途又不斷遭到土著部落的攔路襲擊和騷擾，給漢尼拔軍隊造成很大威脅。有不少士兵和馬匹掉進深山狹谷，餓死凍死者不計其數。但漢尼拔意志堅定，克服了難以想像的困難，用了十五天時間，終於翻過了這座大山。當他到達義大利北部的波河平原時，只剩下二萬名步兵和六千名騎兵，戰象一頭。漢尼拔在波河河谷進行了短期的休整，從當地人中補充了兵源和糧秣。

漢尼拔的突然出現，使羅馬人大為驚慌，不得不放棄侵略非洲和西班牙的計畫，集中兵力保衛義大利本土。漢尼拔率領部隊花了四天三夜時間，涉過齊胸的污水和沼澤地，繞過羅馬軍的設防陣地，踏上了通往羅馬的大道。由於沼澤地毒氣的薰染，漢尼拔的一隻眼睛也瞎了。羅馬執政官弗拉米尼烏斯（Gaius Flaminius Nepos）完全沒料到漢尼拔會走這條難以逾越的泥淖，繞過了他的防線，便急忙率軍尾追，不想落入了漢尼拔選好的戰場——特拉西梅諾湖畔。

特拉西梅諾湖位於義大利北部，北岸是一個三面環山的谷地，一面是湖岸，只有一條狹路從西面通向谷口，形勢極為險峻。漢尼拔在狹路的入口和谷地出口處設下伏兵。早晨的湖面和山谷迷漫著大霧，當羅馬執政官弗拉米尼烏斯率大隊人馬進入山谷時，漢尼拔立即發出進攻的信號。迦太基人前後突擊，經過三小時廝殺，羅馬死亡一點五萬人，被俘幾千人。弗拉米尼烏斯全軍覆沒，通往羅馬的道路被打通了。但漢尼拔卻移師南下，他清楚地知道，以他現有的兵力攻下設防堅固的羅馬城是困難的，於是決定分化瓦解羅馬與義大利城市的聯盟，使羅馬陷於孤立。羅馬元老院此時一面下令加固羅馬城防，同時任命經驗豐富的費邊・馬克西姆斯為獨裁官。

費邊率領四個軍團的兵力尾追漢尼拔軍隊，卻不與他們正面交戰。他認為漢尼拔孤軍深入羅馬本土，人力物力補充較為困難，經不住持久戰。但隨著時間的推移，迦太基人不斷劫掠，燒毀房屋，砍掉果園，踐踏莊稼，殺死牲畜，使義大利農村遭到嚴重破壞，引起了許多公民的不滿。西元前二一七年底，費邊獨裁官任期一滿就下了台，另選舉保盧斯（Lucius Aemilius Paullus）和瓦羅（Gaius Terentius Varro）接任執政官。保盧斯主張繼續採用拖延戰術，避其兵鋒拖垮漢尼拔，使之不攻自破。而瓦羅卻好大喜功，主張速戰速決，他的意見由於元老貴族的支持占了上風。西元前二一六年八月當他們得知漢尼拔的行蹤後，率兵進到奧非都斯河上，在距漢尼拔三公里處的河右岸安營紮寨。當時羅馬軍是由兩位執政官隔日輪流擔任總指揮，他們到達後第二天，正值瓦羅輪值指揮，他下令全軍前進。保盧斯在既成事實面前已無法退兵，雙方就在奧非都斯河岸的坎尼地區展開了一場大戰。

漢尼拔事先了解到當地每天午後刮東南風，於是指揮部隊緊急轉移，處於上風方向。羅馬軍仍按傳統戰法，平行列陣進攻；而漢尼拔卻一反常規，把部隊布成一個新月形陣勢，主力配置在兩翼，與羅馬人的平行序列相對。待東南風突起時，漢尼拔發起猛攻，羅馬軍則逆風對陣。漢尼拔首先擊潰羅馬騎兵，接著就以逸待勞，等候羅馬步兵的到來。羅馬軍壓迫漢尼拔的新月形陣勢向後退卻，一直退成一個四字形。突然，漢尼拔命令他的兩翼步兵出擊。兩翼都向內旋轉，從側面把羅馬軍捲入口袋之中，重重包圍起來，開始無情地屠殺被圍住的羅馬人。這一戰，羅馬人損失極大：

據說有七萬人被殺，保盧斯死於亂軍之中，瓦羅和三百七十名騎兵逃出重圍，得以生還。漢尼拔方面只損失五千七百人。這就是著名的坎尼之戰，它是西方軍事史上第一個合圍之戰。

西元前二一四年，漢尼拔雖攻占了義大利半島南岸的克羅吞和羅克里，但仍苦於沒有合適的港口確保其海外交通線。西元前二〇九年，羅馬消滅了由西班牙增援漢尼拔的迦太基軍隊，使戰爭開始出現轉機。

西元前二〇五年，羅馬三十三歲的年輕將領西庇阿率軍渡海到北非迦太基本土，迦太基急忙召漢尼拔回軍救援。西元前二〇二年秋，雙方在紮馬城附近進行最後的決戰。

當漢尼拔的二萬人的軍隊和八十頭戰象趕到紮馬城下時，西庇阿則從城門後撤，將漢尼拔軍誘到一片開闊地帶，這裡既無水源，又無險可守，而西庇阿則得到他的新盟友努比亞的騎兵助戰，形勢對他很有利。在會商中，西庇阿拒絕談判，迫使漢尼拔非應戰不可。漢尼拔匆匆列陣，將部隊分為三線，精兵放在後邊，騎兵配置在左右兩翼，八十頭戰象部署在第一線部隊前面。他企圖用戰象突破羅馬人正面，從而減少第一線部隊的阻力，鼓舞第二線部隊勇氣，依靠第三線精兵取勝。西庇阿則不循常規，他把一、二、三線各部隊重疊配置，中間留出通道，以便讓戰象通過。這樣，既避開了戰象的鋒芒，保護了兵力；又可發揮自己左右兩翼騎兵的優勢，向敵軍實施迂迴包抄。此外，他還令第一線步兵攜帶很多號角、戰鼓，必要時用突發的聲音驚退戰象。交戰開始以後，當漢尼拔軍的戰象衝到西庇阿軍前沿時，西庇阿的一線部隊突然鼓角齊鳴、喊聲大作。漢尼拔軍的戰象受到驚嚇，有的停滯不前；有的轉身向自己的戰陣衝去；有的則從西庇阿預先留的通道中穿過；還有的受羅馬軍的投槍擊傷後逃跑。西庇阿抓住這一有利時機，命令騎兵迂迴包抄，同時將三線兵力集中起來向漢尼拔軍正面猛攻，一鼓作氣，終於取得了勝利。漢尼拔軍戰死約二萬人，羅馬方面只損失一千五百多人，漢尼拔落荒而逃，這是漢尼拔第一次也是最後一次吃了敗仗。初出茅廬的西庇阿一舉打敗了赫赫有名的戰將漢尼拔，從此威名大震。迦太基被迫求和，接受了十分苛刻的條件：迦太基失去一切海外屬土；不經羅馬同意不得進行對外戰爭；賠款一萬塔蘭特；戰艦除留十艘外全被鑿毀。從此，迦太基失去了海上霸主地位，羅馬成了西地中海的霸主。

半個世紀以後，迦太基在軍事上雖無力再與羅馬競爭，但其商業發展迅速，物質財富迅速增加，引起了羅馬的妒忌。羅馬唯恐迦太基復興，西元前一四九年，羅馬進犯迦太基，第三次布匿戰爭爆發。這次戰爭的性質同前兩次不同，是羅馬侵略迦太基的戰爭，目的是為了奴役迦太基人民。

西元前一四六年，迦太基城終因彈盡糧絕，城破被陷。城破時，迦太基戰死者達八點五萬人，城市被夷為平地。大火延燒十六天之久，殘存的五萬人被賣為奴隸，迦太基被劃為羅馬的「阿非利加省」。

羅馬透過一系列侵略戰爭，成為地中海的霸主。奴隸主的殘酷壓迫，迫使奴隸不斷起義，特別是規模最大的斯巴達克斯起義，更是沉重地打擊了奴隸制度，促使羅馬共和國滅亡。

馬加比起義

馬加比起義

時間　西元前一六七年至前一四二年

參戰方　塞琉古帝國與猶太人

主戰場　耶路撒冷

主要將帥　猶大（Judas Maccabeus）

這是古代巴勒斯坦猶太人反抗塞琉古王朝統治，復興猶太教的民族大起義。

西元前三三二年馬其頓國王亞歷山大率領東征軍占領巴勒斯坦，鬥爭此起彼伏，互相衝突，接連不斷。大約在西元前一九八年，巴勒斯坦又歸屬敘利亞王國塞琉古王朝，巴勒斯坦猶太人遭受民族奴役和宗教壓迫。西元前一六七年塞琉古國王安條克四世(Antiochus IV Epiphanes)下令取締猶太教，強制推行希臘化，並褻瀆耶路撒冷聖殿。猶太祭司瑪他提亞(Mattathias)及其五個兒子率領一批虔誠信奉猶太教的猶太民眾奮起抗擊，進入山區開展遊擊戰以反抗塞琉古王朝。翌年瑪他提亞去世，其子猶大繼其父為義軍首領，因其綽號「馬加比」（猶太語意為「鐵鎚」），故後人稱這次起義為「馬加比起義」。猶大指揮義軍屢次擊敗前來進剿的塞琉古軍隊，於西元前一六四年收復耶路撒冷，重建耶路撒冷聖殿，並舉行連續八天的慶祝聖壇重新供奉的隆重典禮。此後猶太人以此作為該民族傳統的修殿節，延續至今，以紀念馬加比起義勝利後對耶路撒冷聖殿的整修和恢復對聖殿的奉獻。

西元前一六一年猶大戰死，其弟約拿單（Jonathan Apphus）接替猶大擔任義軍領袖，繼續抗戰。此時塞琉古王朝內部爭奪王位的鬥爭給起義軍創造了有利條件。塞琉古國王先任命約拿單為巴勒斯坦猶太人大祭司，後又同意猶太人永免納貢。然而在西元前一四三年約拿單被誘捕殺害，其弟西門（Simon Thassi）又接過了起義領導重擔。西元前一四二年塞琉古國王德米特里二世為借助猶太人勢力以鞏固王位，與西門訂立和約，允許猶太人享有各方面的完全的自由，廢除安條克四世對猶太人的宗教壓迫，承認西門為猶太國祭司長，免除猶太人對塞琉古王朝的貢稅，挫敗了塞琉古統治者的吞併企圖。

巴勒斯坦猶太人經過二十五年的不屈奮鬥，終於擺脫了塞琉古王朝的統治，恢復

馬加比起義

了猶太人的獨立和宗教信仰，以耶路撒冷為首都建立了一個政教合一的猶太神權王國，史稱「馬加比王國」。自從西元前五八六年猶太王國被巴比倫王尼布甲尼撒二世滅亡以來，猶太民族經歷了四個半世紀的異族統治，重新贏得了獨立。從此猶太國家又奇跡般地從廢墟上復興了。

在猶太民族史上，這場起義成為猶太人民敢於反抗外來強敵，為捍衛自己信仰頑強鬥爭的象徵，馬加比家族也成為兩千年來猶太人民敬慕紀念的民族英雄。

斯巴達克斯起義

斯巴達克斯起義

時間　西元前七二年

參戰方　斯巴達克斯起義軍與羅馬

主戰場　維蘇威火山

主要將帥　斯巴達克斯（Spartacus）、克拉蘇（Marcus Licinius Crassus）

在羅馬連綿不斷的對外戰爭中，奴隸主奪取了大量的土地和奴隸。義大利本土的奴隸日益增多，到處都建立起大規模使用奴隸勞動的大莊園。奴隸的處境極其悲慘，完全隸屬於主人。奴隸主可以任意買賣處理，奴隸與牛馬相同，稱之為「會說話的工具」。為防止奴隸逃跑，奴隸主給奴隸套上沉重的腳鐐，鐐上刻著「抓住我，不要讓我逃跑」。奴隸所牛的子女也是奴隸，年老患病的奴隸被棄之荒野而死。有一種角鬥士奴隸，處境更為悲慘。奴隸主為了取樂，建造巨大的角鬥場，強迫成對的角鬥士手

斯巴達克斯起義

握利劍、匕首，相互搏鬥，或強迫角鬥士與飢餓的猛獸拚殺。一場角鬥戲下來，場上留下許多奴隸屍體。角鬥士要經過專門訓練，為此開設了角鬥士學校。角鬥士在嚴密的監視下，整天練習刺殺、摔跤等項目，夜間則被關在彼此隔絕的囚籠裡，以防他們串連造反。

西元前一三八至西元前一三二年，爆發了第一次西西里奴隸起義，各地起義匯成了燎原的奴隸戰爭。起義奴隸還在恩納建立了自己的政權，推舉攸努斯（Eunus）為王，建立了人民會議和人民法庭，對那些殘忍兇惡的奴隸主予以嚴懲。西元前一〇四至西元前一〇一年，爆發了第二次西西里奴隸起義。起義者建立了一支有二點二萬多人的步兵和騎兵的軍隊。羅馬派大軍鎮壓了起義，許多俘虜被釘死在十字架上，另有一千名俘虜送到羅馬，強迫他們充當角鬥士。這些奴隸拒絕供奴隸主取樂，寧願在練習場上互相殺死。羅馬奴隸主對奴隸起義心懷恐懼，在島上建立了恐怖制度，不准奴隸私藏武器，違者處死。這兩次起義猶如火種，喚醒了奴隸的鬥志，從而爆發了更大規模的斯巴達克斯起義。

斯巴達克斯是巴爾幹半島東北部的色雷斯人。羅馬進兵北希臘時，色雷斯人奮起抗擊，在一次戰鬥中斯巴達克斯被羅馬人俘虜，被賣為角鬥士奴隸，送到卡普亞城一所角鬥士學校。角鬥士的悲慘處境，激起了斯巴達克斯和角鬥士們的無比仇恨，他們再也無法忍受下去了。斯巴達克斯向他的夥伴們說：「寧為自由戰死在沙場，不為貴族老爺們取樂而死於角鬥場。」

角鬥士們在斯巴達克斯的動員鼓動下，決心為爭得自由而拿起武器造反。西元前七三年夏，斯巴達克斯在準備起義時，被一個叛徒告發，角鬥士們決定提前行動，七十八名角鬥士拿了廚房裡的刀和鐵叉，衝出了牢籠。在路上，他們正好遇上幾輛裝運武器的車子，就奪取了這些武器武裝了自己，並跑到幾十里以外的維蘇威火山上聚義。起義就這樣開始了。

維蘇威火山位於義大利西南部，瀕臨拿坡里灣，是歐洲大陸唯一的活火山。斯巴達克斯起義時，火山正處於休眠狀態，山上長滿了野葡萄和其他樹木。除了一條崎嶇小路可通山頂外，到處都是懸崖峭壁，易守難攻。斯巴達克斯就在這裡安營紮寨，起義軍推舉了三名領袖：斯巴達克斯、奧諾馬烏斯和克雷斯（Crixus）。斯巴達克斯非常勇敢，力氣超人，又非常聰明和仁愛，他對待起義戰士親如兄弟，所有戰利品都平均分配，在起義軍中享有崇高威望。許多逃亡奴隸和農民都紛紛前來投奔，斯巴達克斯的妻子和斯巴達克斯是同一個部落的，也參加了起義。她是一個預言家。據說，斯

斯巴達克斯起義

巴達克斯最初被販運到羅馬的時候，夢見一條蛇盤繞在他的臉的四周。她預言這是一種偉大的而對他有不幸結局的徵兆。

斯巴達克斯起義震驚了羅馬奴隸主階級，羅馬元老院急忙派羅馬名將、大法官克勞狄斯率領一支三千人的隊伍前來圍剿起義軍。克勞狄烏斯到達維蘇威火山後，用重兵封鎖了唯一的一條山路，企圖把起義軍困死在山上。起義軍用山上的野葡萄藤編成一條長長的繩梯，然後把繩梯沿著懸崖峭壁放到山腳下去。入夜他們沿著繩梯悄悄地滑到山下。斯巴達克斯率領隊伍繞到敵人背後，向正在沉睡的敵人猛撲過去。在這突然打擊之下，羅馬人慌作一團，潰不成軍，四散逃跑。起義軍占領了他們的營寨。克勞狄斯急忙跳上一匹戰馬逃之夭夭。維蘇威一戰，充分顯示了斯巴達克斯的組織才能和軍事天才。起義軍經常襲擊奴隸主大莊園，嚴懲那些作惡多端的奴隸主，解放奴隸，幫助貧苦農民。斯巴達克斯制定了鐵的紀律，統一了號令。起義軍對群眾利益秋毫無犯，買賣公平，沒收奴隸主的金銀財寶一律歸公，用來換取銅鐵，製造武器。在鬥爭中，斯巴達克斯仿照羅馬軍隊形式建立了嚴密的軍事組織，除有數個軍團組成的步兵外，還建立了騎兵、偵察兵和小型輜重隊，兵營裡日夜緊張地打造武器。起義軍隊伍迅速擴大，不久就控制了整個坎帕尼亞平原。

克勞狄斯回到羅馬後，立即向元老院報告說，斯巴達克斯起義軍如何神出鬼沒，勢不可擋。元老院貴族驚魂未定，又傳來起義軍向亞得里亞海挺進的消息。元老院急忙派執政官普布里・瓦里尼率領兩個軍團前去阻截。古羅馬軍團相當於現代軍隊中的一個師，每個軍團由十個大隊組成，每個大隊約有五百人。作戰時，大隊編為十或八列橫隊，每列橫隊約五十人，可排成密集隊形或疏開隊形。由於這種隊形靈活多變，又能充分發揮冷兵器的整體效應，在當時戰鬥力很強。瓦里尼把臨時拼湊起來的兩個軍團一萬多人分成三路，斯巴達克斯先殲滅了由瓦里尼的副將弗利烏斯率領的一支兩千人的隊伍，接著又乘瓦里尼另一名副將卡辛尼不備之機，發動突襲。當時，卡辛尼正在洗澡，根本沒有作戰的準備。起義軍奪取了卡辛尼的輜重，並一鼓作氣跟蹤追擊，經過一場血戰，占領了卡辛尼的營寨，殺死了這位副將。由於起義軍連續作戰，有些疲乏，便在一個山區裡進行休整。瓦里尼把起義軍包圍起來，妄圖一舉殲滅起義軍。為了突出重圍，斯巴達克斯召開緊急軍事會議，商討對策，制定了一條妙計。入夜，他們在前沿陣地上燃起一堆堆篝火，把敵人丟下的一具具屍體綁在木樁上，遠遠看去好像是一個個哨兵在站崗放哨，並留下一名哨兵按時吹號，以迷惑敵人。瓦里尼絲毫沒有覺察，就這樣，起義軍在敵人的鼻子底下靜悄悄地沿著崎嶇的羊腸小徑，衝出了敵人的包圍圈。天亮後，瓦里尼才發覺上當，急忙率軍追趕，中途遇到斯巴達克斯設下的伏兵襲擊，損失極為慘重，連他的衛隊和坐騎也被起義軍俘獲了。

斯巴達克斯威震整個羅馬，奴隸主一聽到他的名字便心驚肉跳。起義隊伍已發展到七萬人左右。斯巴達克斯清楚地認知到，以起義軍現有力量要攻克羅馬城還是比較困難的。他準備把起義軍帶出義大利，擺脫羅馬的奴役，進軍的路線是穿過坎帕尼亞平原，抵達亞得里亞海岸，沿海岸線北上，翻越義大利北部的阿爾卑斯山，讓奴隸們各自回故鄉：一些人回高盧，一些人回色雷斯。起義軍經過短期休整後，便向阿爾卑斯山進發。

西元前七二年，驚恐萬狀的羅馬元老院又派出執政官朗圖盧斯和格利烏斯 (L. Gellious) 率領兩個軍團的兵力前去鎮壓。在重兵壓境的情況下，起義軍內部發生了分歧，以斯巴達克斯為代表的外籍奴隸，認為在義大利本土建立政權比較困難，主張向北進軍，翻過阿爾卑斯山，進入羅馬勢力尚未到達的高盧地區，擺脫羅馬統治爭得自由。而克雷斯則代表當地牧人和農民的利益，希望繼續和羅馬作戰，以奪回失去的土地。起義軍內部意見的分歧，削弱了起義的力量，克雷斯帶領了三萬人脫離了主力，結果被格利烏斯的軍隊消滅，克雷斯陣亡，斯巴達克斯聞訊趕來救援已經來不及了。斯巴達克斯殺死了三百名羅馬俘虜後繼續率軍北上。在皮塞嫩地區，斯巴達克斯再次打敗兩名執政官的軍隊，到達阿爾卑斯山山麓時，起義隊伍已達十二萬人。斯巴達克斯在強大的起義隊伍和高昂的士氣的鼓動下，決定改變原來的計畫，掉轉頭來揮師南下直搗羅馬。沿途羅馬官兵聞風喪膽，不戰自退。羅馬元老院得知斯巴達克斯回師南下的消息極度恐慌，立即宣布義大利處於緊急狀態。元老院推出大奴隸主克拉蘇，委以獨裁大權。克拉蘇組織了六個軍團的大軍前往征討，還把先前兩個執政官率領的軍隊也併到自己的軍隊中。他以極殘酷的手段整頓軍紀，命令在屢吃敗仗的士兵中間進行抽籤，中籤者即處以死刑。（所謂「十一抽殺律」）。克拉蘇估計斯巴達克斯會進攻羅馬城，因此在通往羅馬的大道上設置了重兵。但斯巴達克斯卻率軍繞過羅馬城，指揮起義軍縱穿義大利半島，準備渡過美西納海峽到西西里。由於海浪太大，租用海盜的船隻又沒有如期到達，渡海未能成功。克拉蘇集中優勢兵力，把起義軍困在義大利半島最南端的雷吉奧，在地峽的狹窄處挖了一條寬和深都是四點五公尺、長約五十餘公里的壕溝，切斷起義軍撤回義大利的後路，企圖把起義軍困死在那裡。在一個風雪交加的夜晚，起義軍用土和樹木填平了一段壕溝，突破了防線。這次突圍，斯巴達克斯軍隊的損失極大，被殺死的起義軍達一萬多人。但突圍後起義軍很快得到補充，曾達到七萬人。

西元前七一年春，斯巴達克斯計畫攻占亞得里亞海濱的布魯提伊港，然後渡海到希臘。元老院想盡快地將起義軍鎮壓下去，分別從西班牙和色雷斯，將龐貝（Gnaeus Pompeius Magnus）的大軍和盧庫盧斯（Marcus Terentius Varro Lucullus）的部隊調來增援克拉蘇。為了不使羅馬軍隊會合，斯巴達克斯決定對克拉蘇軍隊發起總攻。斯巴達克斯率軍以急行軍速度向北開去，迎擊克拉蘇。在普里亞省南部的激烈決戰當中，有六萬名起義軍壯烈犧牲。斯巴達克斯和餘下的一萬名起義軍繼續頑強戰鬥，斯巴達克斯一直戰鬥在最前列，不幸背後中槍死在戰場。起義失敗後，約五千名起義軍逃到北義大利，在那裡被龐貝軍隊消滅；六千名被俘奴隸被羅馬人釘在從羅馬城到卡普亞城的十字架上；一些分散的起義隊伍仍在許多地區堅持戰鬥了數年之久。

斯巴達克斯起義雖然失敗了，但起義軍英勇鬥爭的氣概，以及表現出來的組織性、紀律性都在歷史上留下了光輝的一頁。起義極大地動搖了羅馬奴隸制基礎，加速了羅馬共和國的滅亡。

羅馬內戰

羅馬內戰

時間　西元前四九年至前三一年

參戰方　凱撒與龐貝

主戰場　法薩盧斯

主要將帥　凱撒（Gaius Iulius Caesar）、龐貝（Gnaeus Pompeius Magnus）

西元前四九年至西元前三一年羅馬共和國內部發生了一場爭權奪利的戰爭。

西元前六〇年，為了各自的權力需要龐貝與凱撒、克拉蘇結成「前三頭同盟」。西元前五三年在卡萊戰役中克拉蘇戰死，同盟解體。凱撒在高盧擁兵自重，龐貝深感不安，他與元老院聯合，要凱撒交出兵權。凱撒要求和龐貝同時交出兵權，被龐貝拒絕，並組織人馬要討伐凱撒。

西元前四九年一月，凱撒以「保衛人民固有權力」為名先發制人進攻羅馬。凱撒率軍從高盧向羅馬撲去，一路上勢如破竹；而在羅馬的龐貝因準備不足被打敗後帶著支援他的部分元老院成員倉皇逃往希臘。羅馬城被凱撒輕鬆地占領了。

凱撒隨後又殲滅龐貝留在西班牙的主力。占領了整個西班牙後，凱撒推行各省居民和羅馬人權利平等的政策，進一步籠絡民心為進攻龐貝打下堅實基礎。

西元前四九年十一月，凱撒率領七個軍團出其不意地在希臘登陸，把龐貝的幾個軍團圍困在都拉基烏姆大本營裡，歷時三個月沒能拿下只得撤退。龐貝立即率軍追擊，雙方於西元前四八年八月在法薩盧斯進行了決戰。

雙方沿埃尼派夫斯河北岸紮營。凱撒軍在東南方，龐貝軍在西北方。龐貝軍步兵三萬八千人，騎兵七千人，總兵力是凱撒的二倍，而且占據有利地形。考慮到凱撒軍遠離後方給養不濟而不能持久，龐貝採取堅守待變策略。凱撒多次挑戰，龐貝堅守不出。後凱撒實施佯攻誘使龐貝出營應戰。

八月九日，雙方拉開陣勢均呈三線配置，各以一翼依託河岸。龐貝將精銳騎兵集中於左翼，企圖對凱撒軍右翼實施迂迴包圍。凱撒識破龐貝意圖，便將全部騎兵集中於右翼，並從各軍團抽出六個支隊約三千人配置於右後方策應。戰鬥打響後，凱撒從容調兵使龐貝軍腹背受敵，招架不住，全線潰退。

此戰，凱撒方面只陣亡兩百三十人，而龐貝軍卻戰死六千餘人，龐貝兵敗逃往埃及，被托勒密國王的部將殺害。

龐貝死後三天，凱撒追擊龐貝軍團到埃及，捲入了埃及當時的內訌。他打敗了托勒密國王的部隊，立克麗奧佩脫拉為國王。

接著他又揮師西班牙，擊敗龐貝兩個兒子的部隊，從而勝利地結束了內戰。這樣，凱撒擊敗龐貝利反對他的元老貴族軍隊，由此建立了個人的軍事獨裁政權，成為一個軍事獨裁者。

但凱撒獨裁未能完全消除共和傳統的習慣勢力。西元前四四年三月十五日，凱撒被共和派暗殺。內戰又開始了。

西元前四三年初，凱撒的養子屋大維（Gaius Octavius Thurinus）和凱撒的部將安東尼（Marcus Antonius）和雷必達（Marcus Aemilius Lepidus）結成「後三頭同盟」。他們以「為凱撒報仇」為名，屠殺大批元老和騎士，並打敗貴族共和派軍隊。此後，三人間爭權奪利。西元前三二年，屋大維又與安東尼公開決裂，剝奪了安東尼的一切權力，並宣布他為「公敵」。安東尼懷恨在心，蓄意尋機報復。雙方經過了亞克興海戰，安東尼和埃及女王被打敗。後來，屋大維進軍埃及。西元前三〇年安東尼自殺，羅馬內戰結束，長期分裂的羅馬重新統一。屋大維獲得元老院贈予的「奧古斯都」尊號，成為羅馬的唯一統治者。

內戰最終結束了軍閥紛爭，開創了羅馬帝國。建立的元首政體被許多國家沿用至今，有深遠的歷史影響。

猶太戰爭

猶太戰爭

時間　西元六六年至七三年，西元一三一年

參戰方　猶太起義軍與羅馬征服者

主戰場　耶路撒冷

主要將帥　提圖斯（Titus Flavius Vespasianus）、西門

西元前六三年羅馬占領了巴勒斯坦，馬加比王國名存實亡，猶太人被羅馬野蠻地統治著。西元六六年巴勒斯坦沿海城市凱撒里亞的猶太人與非猶太人發生衝突，羅馬總督弗洛魯斯要求耶路撒冷猶太教聖殿支付大筆賠款，遭拒絕後他前往耶路撒冷與猶太代表團會談。其間他屠殺三千六百名耶路撒冷猶太人，反抗羅馬的猶太民族大起義隨即爆發，由猶太下層人民組成的「西卡里」（短劍黨）成為起義骨幹。起義者消滅耶路撒冷的羅馬駐軍，焚燒藏在聖殿裡的債務帳冊，起義迅速席捲巴勒斯坦全境。不久

起義軍又攻占位於死海附近、海拔一千四百英尺的馬薩達要塞。

西元六七年二月，羅馬皇帝尼祿（Nero Claudius Caesar Augustus Germanicus）派大將韋斯巴薌（Titus Flavius Vespasianus）領軍六萬人征討猶太起義軍。羅馬軍隊在加利利地區遭到六點五萬猶太起義軍的頑強反抗，征討未遂。西元六九年，韋斯巴薌當上羅馬帝國皇帝，命其子提圖斯率兵再次進攻。西元七〇年四月，羅馬大軍圍攻耶路撒冷城。為保衛這座聖城，起義軍和敵人進行了殊死戰鬥，卻沒能抵擋提圖斯破城，城破之後猶太人遭到殘酷鎮壓。起義者被釘在十字架上處死的不計其數，七萬人被賣為奴隸。整個猶太戰爭中起義人民死難者達一百一十萬，耶路撒冷古城慘遭蹂躪，聖殿被洗劫一空，七寶燭臺等聖物被運往羅馬。羅馬曾為紀念這次勝利建立凱旋門。但是，起義軍的反抗鬥爭仍未中斷。

由於羅馬帝國推行高壓統治，橫徵暴斂，西元一三二年，猶太人再次舉行大規模起義。西元一三一年，哈德良皇帝（Publius Aelius Traianus Hadrianus Augustus）禁止猶太教徒舉行割禮和閱讀猶太律法，要在耶路撒冷城建立羅馬殖民地和羅馬神廟，並把猶太人趕出聖城。猶太人忍無可忍，在綽號「星辰之子」的西門的領導下揭竿而起。起義群眾超過二十萬，他們殺死殖民者。哈德良皇帝派大批軍隊瘋狂地鎮壓，以毀滅性的軍事打擊征伐三年，毀滅城市五十餘座、村莊近一千個，屠殺猶太人達五十八萬。

西元一三五年，耶路撒冷城一片廢墟。猶太民族遭到血腥屠殺，國破家亡，四處飄零。

戰爭導致猶太人流離失所，同時也影響了羅馬對猶太人的統治方式，並促使基督教與猶太教的分離。

拜占庭—波斯戰爭

拜占庭——波斯戰爭

時間　西元二三一年至六三一年

參戰方　東羅馬與波斯

主戰場　小亞細亞

主要將帥　貝利撒留（Flavius Belisarius）、查士丁尼一世（Justinianus I）

西元三世紀至七世紀，薩珊王朝和羅馬帝國為稱霸小亞細亞，在近四個世紀中長期進行了爭鬥。

西元二二四年，薩珊王朝要求羅馬帝國放棄其東部各行省，遭到羅馬拒絕。西元二三一年，雙方開戰。

西元二三二年，波斯打敗了羅馬軍隊，通過和約獲得亞美尼亞。西元二六〇年，波斯軍隊大勝羅馬帝國軍隊，俘虜了羅馬帝國皇帝瓦勒良（Publius Licinius

Valerianus），後來羅馬以重金贖回。這次戰爭後，薩珊王朝與羅馬的戰爭呈拉鋸之勢。羅馬帝國皇帝戴克里先（Diocletian）、君士坦丁（Constantinus I）等都曾率軍遠征波斯，但均未取得顯著戰果。西元二八六年，羅馬煽動亞美尼亞起事，波斯被迫撤退。西元三七五年以後，羅馬帝國忙於應付哥德人等日爾曼民族的入侵而無暇東顧，波斯也因抵禦匈奴人無力繼續向羅馬挑戰。

君士坦丁大帝結束了羅馬王朝的動亂紛擾，恢復了國家的安定統一。西元三三〇年正式遷都拜占庭，羅馬人為紀念具有豐功偉績的君士坦丁大帝，改拜占庭城為君士坦丁堡。六世紀上半葉以前，羅馬帝國東部諸省通稱「東羅馬」，七世紀以後，帝國東部在國家和社會發展上已與早期羅馬帝國大大不同。史稱「拜占庭帝國」。

東羅馬以君士坦丁堡為都城，仍然是一個橫跨三大洲的大帝國。西元四八七年，薩珊王朝的喀瓦德一世（Kavad I）上臺執政，他好大喜功，多次領軍攻打東羅馬帝國。西元五〇五年，雙方媾和，維持原有邊界，保持和平狀態二十年。

西元五二七年，羅馬皇帝查士丁尼一世即位。他是位有作為的皇帝，即位後向東方征討，再次打響了波斯與羅馬的戰爭。在以後的一百多年內，雙方先後進行了五次大規模的爭霸戰。

西元五三一年，雙方在卡爾基斯會戰，波斯取得了關鍵性的勝利，擊退了敵人的進攻。迫使對方次年媾和，羅馬撤回達拉城駐軍，向波斯支付一千磅黃金。

西元五四三年，波斯乘羅馬內訌之機，進占亞美尼亞，殲滅了前來進攻的三萬羅馬大軍。西元五四五年雙方締結五年停戰協定，羅馬收復了波斯占領的全部領土，支付贖金兩千磅黃金。

西元五四七年，八萬波斯大軍攻占了庇特拉要塞。西元五五二年羅馬又奪回庇特拉要塞。之後，雙方又在高加索地區進行了長達六年的拉鋸戰。羅馬先贏後輸，波斯軍隊獲勝。西元五六二年，雙方簽定和約：羅馬每年向波斯支付黃金一點八萬磅，有效期五十年。

西元五八九年，波斯發生內亂，羅馬七萬大軍介入。西元五九一年，羅馬軍隊在幼發拉底河畔擊敗波斯軍，殺掉篡位者，扶霍斯勞二世（Khosrau II）登上波斯王位。波斯則將亞美尼亞的大部分和伊比利亞的一半割讓給羅馬，並訂立「永久和平協定」。

六〇六年，霍斯勞二世不念舊恩，乘羅馬內亂之機率大軍西征，戰火重燃。六二二年，羅馬大軍避開正面對敵，乘軍艦出其不意地在小亞細亞的伊索斯港登陸，羅馬軍大敗波軍，乘勝收復失地，並占領科爾奇斯、亞美尼亞、美地亞等地。

六二六年至六二七年雙方征戰不斷。直到六三一年，波斯的喀瓦德二世（Kavad II）同羅馬議和：波斯歸還歷代侵占的羅馬領土、釋放戰俘、歸還搶自耶路撒冷的「聖十字架」及搶自羅馬的一切財物，償還數年軍費。

羅馬與波斯戰爭歷經四百年，交戰數百次，是一場兩敗俱傷的拉鋸戰。這場戰爭嚴重消耗了交戰雙方的力量，限制了兩個帝國的繼續擴張。

沙隆戰役

沙隆戰役

時間　西元四五一年
參戰方　匈奴人與羅馬同盟軍
主戰場　卡塔隆平原戰役
主要將帥　阿提拉（Attila）、埃提烏斯（Flavius Aetius）

西元三九五年，羅馬帝國分裂為東西兩國。西哥德人於西元四〇一年攻占羅馬，又占了高盧，以西班牙為中心建立了西哥德王國。四三九年汪達爾人攻陷迦太基，建立了汪達爾王國。法蘭克人也征服了高盧。西羅馬帝國只剩下義大利的領土。

四世紀末，不斷擴張領土的匈奴人侵入歐洲。到五世紀中期，他們的領土已經包括現在的匈牙利、羅馬尼亞和俄羅斯南部，此時的匈奴國王是阿提拉。

西元四五一年，阿提拉率五十萬大軍侵入西羅馬帝國的外高盧，一路搶劫和焚毀了很多歐洲大城市，巴黎也險遭劫掠。西羅馬組織了一支同樣強大的聯軍來迎擊阿提拉。

五月初，阿提拉的大軍到達奧爾良城下，到六月中旬仍未破城。六月一四日，西羅馬大將埃提烏斯聯合了法蘭克人和西哥德人趕到城下。阿提拉腹背受敵，只好退回到賽納河東側卡塔隆平原。第二天羅馬軍趕到，在此展開了一場激戰。

在阿提拉大軍列隊裡，右翼是雜牌日爾曼軍；左翼是東哥德人；最精銳的匈奴軍隊則處於正中位置。而西羅馬帝國軍隊採取了另一種布陣，把最不可靠的阿蘭軍隊放在羅馬聯軍中間，用來對付匈奴人的正面突襲；把西哥德人部署於右翼；自己的羅馬軍隊則處於左翼，希望以此能夠有效地打擊匈奴人較弱的兩側，然後從兩面包抄匈奴主力部隊。在戰役初期的小規模衝突中，這種布陣收到一些成效。

隨後，阿提拉軍隊與處於羅馬聯軍中心的阿蘭人發生了激烈的戰鬥。當匈奴人把阿蘭人打退時，其右側的羅馬軍隊發動了突然進攻。同時，匈奴人向前的運動也把自己另一側暴露給了西哥德人，結果使匈奴人的力量遭到重創。但並未分出勝負，雙方的死傷同樣極其慘重。雙方死亡人數估計有十六萬到三十萬。

由於遭到沉重打擊，阿提拉為了保持住其精銳兵力，無心戀戰想伺機脫身。而西

沙隆戰役

哥德國王戰死疆場，其子多里斯蒙德怕大權旁落欲回國掌權，不想再戰，於是晚上阿提拉與西哥德人簽定了城下之盟，悄悄撤走。

此次戰爭削弱了匈奴和西羅馬的實力，使兩者走向衰亡。歐洲人制止了匈奴人的西侵，打擊了匈奴人的銳氣，對現今歐洲布局有很大影響。

哥德戰爭

哥德戰爭

時間　西元五三五年至五五四年

參戰方　拜占庭與哥德

主戰場　義大利

主要將帥　查士丁尼一世

哥德戰爭是六世紀拜占庭帝國對義大利哥德王國發動的征服戰爭。

西羅馬帝國滅亡後，東哥德人首領狄奧多里克（Flavius Theodericus）以拉文納為首都，建立了東哥德王國，國土包括亞平寧半島及西西里島等。東哥德人征服義大利後，其統治階層竭力與羅馬貴族的殘餘勢力相接近。他們不僅在國家的司法、行政機構的設置上沿襲羅馬舊制，而且吸收不少受過良好教育的羅馬貴族擔任重要官職。「親羅馬派」的這種政策引起受羅馬文化影響較少的東哥德軍事貴族「老哥德派」的日益不滿。五三四年「親羅馬派」領袖阿瑪拉遜莎王后（Amalasuintha）暗中表示要將義大利還給東羅馬，在老哥德派的唆使下，國王狄奧達哈德將她處死，為拜占庭皇帝查士丁尼一世提供向東哥德興師問罪的藉口。征服義大利是查士丁尼一世復辟舊羅馬帝國的夢想。

五三五年查士丁尼命令剛滅亡北非汪達爾王國的得力大將貝利撒留揮師北上。貝利撒留率領八千將士在西西里島登陸，當地的東哥德守軍未經認真抵抗便繳械投降。第二年六月，貝利撒留攻入義大利本土。東哥德王國國王狄奧達哈德面對拜占庭軍隊的進攻驚慌失措，甚至與敵方密議投降。拿坡里失陷後，東哥德人廢黜並處死狄奧達哈德，推舉戰士出身的維蒂吉斯為王。維蒂吉斯抗敵意志雖然堅決，但缺乏正確的戰略戰術，不久羅馬失陷。維蒂吉斯率領號稱十五萬的東哥德軍隊圍困羅馬城，久攻不克，元氣大傷，被迫撤離。貝利撒留乘勝占領王國首都拉文納，維蒂吉斯被作為戰俘押往君士坦丁堡，東哥德人退居波河以北地區。這時因查士丁尼一世對貝利撒留的猜疑日重，於五四八年將他召回，另派財政專使亞歷山大到拉文納，竭力搜刮義大利居民的珍寶財物，激起各方不滿。維蒂吉斯之侄、新任東哥德國王托提拉（Totila）利用這個形勢率軍南下接連獲勝，他收復拿坡里，重新攻占羅馬城，控制了義大利大部分領土。此後托提拉乘勝擴張，其勢力所及遠達西西里、撒丁及科西嘉諸島。五五二年查士丁尼一世為奪回義大利，委派納爾塞斯（Narses）率領一支裝備精良的海軍艦隊和陸軍進至亞得里亞海。其二萬大軍越過亞平寧山脈，在義大利中都塔地那取得決定性勝利，澈底打垮托提拉統率的一點五萬東哥德軍隊，托提拉陣亡。五五四年納爾塞斯消滅群龍無首的東哥德人殘餘勢力。

直到五六二年，拜占庭才確立對整個義大利的統治。東哥德王國滅亡。

查士丁尼一世一生希望的統一東、西羅馬帝國的宿願得以實現。但長達二十年之久的哥德戰爭耗去了拜占庭帝國大量的財力和兵力，舊羅馬帝國復辟的事業算不上真正成功。

查士丁尼一世不但沒有重建成舊羅馬帝國，反而把拜占庭帝國推到了崩潰的邊緣。

拜阿戰爭

拜阿戰爭

時間　西元六三二年至一〇七一年
參戰方　拜占庭與阿拉伯國家和塞爾柱突厥人
主戰場　小亞細亞
主要將帥　穆罕默德（Muhammad）

西元七至十一世紀，拜占庭帝國與阿拉伯國家為爭奪近東、地中海區域和外高加索而發生了多次戰爭。阿拉伯國家興起之時，由於拜占庭與波斯長期戰爭而元氣大傷，無力抵禦阿拉伯人的進攻。六三二年，穆罕默德的軍隊開始向拜占庭統治下的敘利亞進軍。隨後，阿拉伯人攻占了巴斯拉、大馬士革。六三六年，阿拉伯與拜占庭的軍隊會戰於約旦河支流雅姆克河畔，阿拉伯軍獲勝後乘勢奪取整個敘利亞。六三七年，阿拉伯人征服耶路撒冷，小亞細亞的大部分地區落入穆斯林國家之手。六三九年底，阿拉伯軍隊對埃及突襲成功，大敗拜占庭軍隊，迅速征服巴比倫要塞，占領亞歷山大。拜占庭被趕出埃及。

阿拉伯帝國的邊境已推進到地中海沿岸。於是有了強大的海軍，占領了地中海有戰略意義的島嶼：羅德島、克里特島和西西里島。阿拉伯國家逐漸控制了拜占庭帝國在近東的大部分領土。

在七世紀中後期，即拜占庭皇帝君士坦丁四世（Constantinus IV）在位時，阿拉伯人的進攻達到高潮，但是沒能取勝。六七七年六月，阿拉伯艦隊在進攻君士坦丁堡受挫後幾乎全軍覆沒，陸軍在小亞細亞也遭到慘敗。第二年被迫與拜占庭簽訂《三十年和約》，向拜占庭納貢。

在北非，阿拉伯軍隊的進展則很順利，六九七年到六九八年奪取迦太基，結束了拜占庭對北非的統治。七一七年，阿拉伯人從水陸兩路再次對君士坦丁堡進攻，陸路十二萬人多為騎兵和駱駝兵。拜占庭伊蘇里亞王朝的奠基者利奧三世（Leo III the Isaurian）組織反擊，他採用「誘敵深入、聚而殲之」的方針，下令拆除港口的鐵鍊，任阿拉伯艦隊駛進港灣。然後，出其不意地以火箭、火船、火矛、「希臘火」實行襲擊，阿拉伯艦隊大亂，在熊熊烈火中幾乎全軍覆沒。而陸路隊伍卻由於阿拉伯士兵不耐嚴寒，且供給不足，病疫流行，戰鬥力銳減。另兩支運送士兵、武器和糧食的阿拉伯艦隊亦被擊潰。歷時十三個月的君士坦丁堡會戰以阿拉伯人大敗而告終。

七四六年，在賽普勒斯附近的大海戰中，拜占庭擊潰了約一千艘戰艦的阿拉伯艦隊，奪回賽普勒斯。八世紀後半期，拜占庭人在小亞細亞節節勝利，把阿拉伯人驅趕到小亞細亞東部。

七五〇年，阿拉伯帝國內部矛盾激化，遷都巴格達。拜占庭同阿拉伯爭奪的重點是小亞細亞和美索不達米亞、黑海沿岸、地中海東部和義大利等地。九到十世紀，阿拉伯帝國內部各族人民不斷起義而國勢漸衰。拜占庭馬其頓王朝乘勢收復了大片地區，重新在東方獲得優勢。

十一世紀初，塞爾柱突厥人崛起於東方，由波斯進入伊拉克和小亞細亞。一〇五五年，他們在其首領圖赫里勒・貝格（Togrul beg）的率領下攻陷巴格達，圖赫里勒自立為蘇丹，實際上解除了阿拉伯哈里發的政治權力。同年，圖赫里勒・貝格侵入拜占庭的一些地區。一〇六八年，拜占庭皇帝羅曼努斯四世（Romanus IV Diogenes）即位。塞爾柱突厥人在小亞細亞的掠奪性騷擾已發展為對拜占庭帝國的全面進攻，奪取了大片拜占庭的土地。羅曼努斯四世從君士坦丁十世手裡接收的是一個混亂不堪的帝國和一支訓練極差、裝備低劣、種族複雜的軍隊。儘管如此，一〇六八年到一〇七〇年間，他的軍隊還是阻止了塞爾柱突厥人的進攻。

一〇七一年三月，羅曼努斯四世的軍隊經過休整和補充，再度征伐塞爾柱突厥人，迅速占領幼發拉底河上游的曼齊刻爾特。此時的突厥人因分兵駐守小亞細亞各征服地而僅有騎兵四萬餘人迎戰。在眾寡懸殊的情況下，突厥人欲與拜占庭議和，遭羅曼努斯四世嚴詞拒絕，只好決心背水一戰。四月二十六日，兩軍會戰於曼齊刻爾特堡前。拜占庭大敗，羅曼努斯四世被俘，被迫簽約向塞爾柱人納貢。

戰爭使拜占庭失去了東方各省和小亞細亞沿海地區，並喪失了帝國地位，淪落為一個小國。

普瓦捷戰爭

普瓦捷戰爭

時間　西元七三二年
參戰方　阿拉伯帝國和法蘭克軍
主戰場　普瓦捷
主要將帥　查理・馬特（Charles Martel）

西元八世紀，進入全盛時期的阿拉伯帝國，開始對外擴張。阿拉伯軍隊所向披靡。七一一年以後，阿拉伯帝國軍隊由北非渡海，滅亡西哥德王國，占領西班牙全境，接著又多次入侵高盧南部的亞奎丹，目標瞄向整個地中海。

七三二年初，阿拉伯帝國組織五萬大軍由西班牙再次入侵亞奎丹，雄心勃勃意欲一舉攻取法蘭克、義大利和君士坦丁堡。亞奎丹公爵奧多阻擋不住阿拉伯軍隊的進攻，只好聯合法蘭克共同抗敵。同年十月，兩軍在普瓦捷地區相遇。阿拉伯軍隊多數由北非摩爾人組成，主要為輕騎兵；武器以標槍、刀劍為主；少數人備有甲冑，機動性強，善於快速進攻，但防護能力差。他們沿途劫掠大批財物並隨身攜帶，影響了戰鬥意志和作戰行動。法蘭克軍隊步、騎兵數量大體相當，普遍裝備甲冑和防盾；武器有刀劍、標槍和戰斧，戰鬥力和防護力較強，占有兵力優勢，但機動性和紀律性較差。針對阿拉伯軍隊的弱點，法蘭克王國宮相查理決定採取先防守後反擊的策略，只派出小股騎兵襲擾和牽制阿拉伯軍隊，而將主力布成密集的步兵方陣配置在地勢有利的交通要道上。兩軍相持一周後，阿拉伯軍隊集中輕騎兵對法蘭克軍陣地發起猛攻。雙方激戰一天，傷亡慘重。黃昏時分，法蘭克軍隊以右翼實施反擊，攻向阿拉伯軍營地。阿拉伯主帥戰死，剩下的人立即逃之夭夭。

此戰阿拉伯人損失慘重，打破了阿拉伯人控制地中海的計畫。查理・馬特因此成名，為以後統一法蘭克建立王朝打下了基礎。

黑斯廷斯之戰

黑斯廷斯之戰

時間　西元一〇六六年
參戰方　英格蘭與諾曼第
主戰場　黑斯廷斯
主要將帥　威廉一世（William I）

英國位於北海和大西洋之間的不列顛群島上，國土由大不列顛島、愛爾蘭島東北部和眾多的小島組成。英國古稱白堊島國，因它的東南沿海岩石呈白色而得名。大不列顛島的地形由西北向東南傾斜，地勢較為低平的東南部面對著歐洲大陸。

英國和歐洲大陸隔海相望，中間相隔英吉利海峽，古代英國的歷史發展既和歐洲相聯繫又有區別。古代歐洲的商業中心和文化中心是地中海，英國離這個中心最遠，發展也極為緩慢，到十一世紀中葉以後才最終進入了封建社會。它的標誌是法國諾曼第公爵對英國的征服，史稱諾曼第征服。而這次征服的決定性戰役是黑斯廷斯戰役。

自古以來，大不列顛島不斷受到外族的入侵，最早是古羅馬統帥凱撒率軍征服，帶來了羅馬文化和基督教；以後又是日爾曼人入侵，從七世紀初到九世紀初長達兩百年的時間裡，出現了由日爾曼人建立的七個小國相互爭雄的局面。隨後，威塞克斯國王埃格伯特（Ecgberht）結束了這個局面，建立起統一的英格蘭王國。正當英格蘭走向統一的時候，自八世紀末起，日爾曼人的一支——丹麥人又開始入侵英國。丹麥人起先在沿海一帶騷擾，後來逐漸定居下來，並於九世紀後半期在英國東北部建立了丹麥統治區。英王阿爾弗雷德（Alfred）統治時期（八七一至八九九年在位），積極籌建軍隊，還建立了一支海上艦隊。阿爾弗雷德依靠這些武裝力量終於遏制了丹麥人的進攻。

十世紀末丹麥人重又入侵英國，丹麥國王克努特（Canute the Great）統治時期（一〇一六至一〇三五年在位），建立了一個包括丹麥、挪威、瑞典和英格蘭在內的龐大「帝國」。克努特死後帝國瓦解。他的兒子多，在王位的繼承問題上不斷發生紛爭。一〇四二年，英國貴族推舉愛德華（Saint Edward the Confessor）為國王，並於一〇四三年四月三日在溫徹斯特舉行了加冕禮。愛德華是一個虔誠的信教者，沒有子女，曾指定威廉表弟作為繼承人。一〇六六年一月五日，愛德華病逝，英國貴族會議選舉大貴族哈羅德（Harold Godwinson）為國王，這一下惹怒了法國北部諾曼第公爵威廉。愛德華的母親是諾曼第公爵理查（Richard Ier de Normandie）的女兒，威廉和愛德華算是表兄弟，威廉要求以親屬關係繼承英國王位，這是他對英國發動戰爭的藉口。征服英國，不僅可獲得他渴望已久的王位，還可奪得戰利品、土地和農奴。

當時的形勢對威廉很有利。在國內，他通過不斷的戰爭強化了他的權力和國家的力量。他和東鄰法蘭德斯結成同盟，並占領了西面的布列塔尼和南面的梅因。對外貿易的港口不是掌握在他的手中，就是掌握在他的盟國手中，這使他有了可靠的海上交通線。在巴黎的法蘭克國王又是他的朋友，使他沒有後顧之憂。為了遠征英國，威廉還進行了一系列外交活動，以取得國際輿論的支持。他先派使臣去謁見哈羅德，要求實現他的王位繼承權。同時他還派人到一些歐洲國家去遊說，取得教宗亞歷山大二世（Alexander II）的支持，並賜給他一面「神旗」；日爾曼王和丹麥王也答應支援他。威廉的軍隊經過多次戰役，有熟練的作戰技能和嚴格的紀律，主力是裝甲騎兵。軍隊的武器雖然和英軍差不多，但威廉是一個傑出的將領，他意志堅強，有百折不撓的決心，知道如何指揮自己的軍隊，如何執行紀律，如何鼓動士兵士氣，如何巧施計謀、克敵制勝。威廉的出征吸引了許多貴族和騎士前來為他效勞：有諾曼第的封建貴族，有法國各地的騎士，還有從義大利來的騎士、冒險家以及想發財的人。

同威廉相比，哈羅德則處於極其不利的地位。首先是國內不穩定，北部的大貴族不擁護他。在軍事上，英國的民兵和他的親兵隊的戰鬥力都較差，且又散居各地一時很難集中起來；軍糧的供應也難以保證；騎兵缺乏戰術訓練，很少使用弓箭，主要武器是長矛、標槍和劍。哈羅德還有一個致命的弱點，就是幾乎沒有戰艦，只能靠臨時徵用的民船。

哈羅德的弟弟托斯蒂（Tostig）背叛了哈羅德。在威廉的許諾下，他帶了六十艘船在大不列顛島登陸，企圖進攻英國，但被民兵打敗，只帶了十二艘小船逃到了蘇格蘭。這次進攻使哈羅德誤認為威廉的入侵馬上就要來了，便過早地下達了陸海軍動員令，讓民兵沿東南沿海一帶展開。等到他完成這一部署，按規定兵員的四十天合法服役期已滿，糧食和金錢也用光了，只好解散民兵和船隊。

當哈羅德剛剛下令解散民兵，就得到挪威國王哈拉爾三世（Harald Hardrada）和托斯蒂合兵進攻英格蘭北部的消息。他立即率領他的親兵隊和一些尚未解散的民兵，日夜兼程趕到北方，以猝不及防的突襲消滅了哈拉爾和托斯蒂的軍隊，他自己的軍隊也損失慘重。此時，威廉率軍在不列顛南部的蘇塞克斯登陸了。早在八月中旬，威廉已作好了進攻英國的準備，他的兵力包括陸軍約六千人，各種船隻四百五十艘，水手約兩千至四千人，主力仍是裝甲騎兵。從八月十二日起，整整一個月氣候都十分惡劣，緊吹的北風使船隻無法開出費斯河。九月十二日，風向開始轉西，威廉趁這機會將船移到塞納河口準備從那裡出海，但風向又開始轉北，只好再等待下去。九月二七日，風向轉南，進攻時機到了。威廉立即命令作好出海準備，午夜時分全體艦隊出航。由於哈羅德在前兩天將民兵和艦隊全部解散，威廉軍隊於第二天上午順利登陸，次日到達倫敦南面大道的終點——黑斯廷斯。

威廉登陸時，哈羅德還在北方沉浸於他那勝利的歡樂之中，一聽到這突如其來的消息，便心急火燎地趕回倫敦臨時徵集了五千人的軍隊。由於兵員參差不齊，哈羅德不得不放慢行軍速度，每天只走三十公里的路程。十月十三日夜裡，哈羅德率軍在離黑斯廷斯十多公里的一片森林附近的小山上安營。考慮到士兵精疲力竭，哈羅德只好放棄連夜前進，趁天亮前突襲威廉的計畫。結果哈羅德反而先受到威廉的襲擊。哈羅德採用古典步兵的打法，依靠防禦性的密集隊形去抵擋威廉的騎兵。他把軍隊擺成一個方陣，讓方陣士兵緊緊擠在一起，肩靠肩、盾集盾，手中拿著劍和斧構成一道嚴密的「盾牆」，正前面還埋設了尖樁柵欄。威廉則把他的隊伍分成左、中、右三翼。每一翼又分三線，第一線為弓箭手；第二線為重裝步兵；第三線為騎兵。一四日上午九時許，號角齊鳴，會戰正式開始。威廉軍隊的中央首先發起進攻，緩緩向上坡前進，直撲英軍的「盾牆」，當前進到距英軍陣地一百公尺時，弓箭手開始射箭，然後由步兵和騎兵展開進攻。由於威廉軍隊自下向上射箭，命中率很低；而英軍卻居高臨下，他們投射的兵器像雨點一樣飛到諾曼第人中間。儘管如此，諾曼第人仍然繼續前進，與對方展開了肉搏戰。英軍因為占據有利的地形，又一直保持密集隊形，終於打退了威廉的進攻。左右兩翼的諾曼第軍隊也由於地形不利跟著退了下來。但哈羅德未能抓住這一有利時機迅速出擊，結果威廉得隙穩住了軍隊，對軍隊重新進行了編組。他命令步兵退到後面，騎兵移到前面，由他親自指揮重新展開攻勢。騎兵分成小隊全線出擊，但仍無法衝破英軍的「盾牆」。這時，威廉命令騎兵佯裝進攻然後退卻，以引誘英軍下山，使之離開有利地形打亂其隊伍。英軍相信自己已經勝利，歡呼著衝了下來，在後面窮追不捨。諾曼第騎兵在下坡時跑得很快，使英國步兵無法追上，但當他們一退到平地時就放慢了速度。英軍以為諾曼第人逃不了了，他們的隊形更加混亂。這時，諾曼第騎兵突然掉轉馬頭，向正在追擊他們的英軍衝殺過來；早已待命的弓箭手迅速投入戰鬥；步兵也立即向英軍拋擲投射武器。經過一場混戰，到傍晚時分，疲憊不堪的英軍全部被殲滅，哈羅德眼睛中箭被殺。第二天，威廉發現哈羅德的屍體後搬到自己營帳後埋了。兩天後，威廉回到黑斯廷斯。過了五天，他繼續前進，先占領多佛爾和坎特伯雷城，保障了海上的供應線之後，率軍向北掃清了倫敦週邊的障礙。倫敦城不得不派代表求降，並邀請威廉擔任英格蘭國王。一〇六六年十二月二十五日，即耶誕節的那一天，威廉在西敏聖彼得協同教堂加冕正式稱王。他就是英國歷史上的威廉一世，號稱「征服者威廉一世」，英國歷史上的諾曼第王朝時期（一〇六六年至一一五四年）從此開始了。

威廉在黑斯廷斯戰役的勝利，是英國歷史上一件有重大意義的事件。從此英國結束了政治上不統一、貴族內部紛爭的局面，真正成為一個統一的、具有強大王權的國家。諾曼第征服加速了英國早已開始的封建莊園制的發展，最終完成了英國的封建化過程，此後的三百年間，英國在文化方面深受法國的影響。

十字軍東征

十字軍東征

時間　西元一〇九五年至一二九一年

參戰方　十字軍與穆斯林國家

主戰場　耶路撒冷

主要將帥　教宗烏爾班二世（Pope Urban II）、教宗依諾增爵三世（Innocentius PP. III）、薩拉丁（Saladin）

十一世紀末至十三世紀末，西歐教俗封建主和大商人在羅馬天主教會的發動下，打著從「異教徒」手中奪回「聖地」耶路撒冷的旗號，對東部地中海沿岸各國進行了持續近兩百年的侵略性東征。因遠征參加者的衣服上縫有用紅布製成的十字，故稱「十字軍東征」。

中世紀時期，隨著社會生產力的發展，手工業從農業中分離出來。起初，莊園裡的手工業者接受訂貨，產品主要是供封建主消費；用的原料是封建主的，手工業者的身分也還是農奴。後來手工業者逐步外出，經封建主同意可以到其他封建主莊園裡工作，回來後向封建主繳納一定數量的錢。再後來，手工業者選擇一個產品容易賣出的地方，如在城堡修道院附近、橋梁、渡口等地定居下來。這些地方逐漸形成了城市。城市的興起說明商品貨幣關係有了進一步發展。這種發展，引起西歐社會各階級地位的變化。

西歐社會本身的矛盾越來越尖銳、複雜。封建主不斷要求新的領地和財富，而東方的富庶引起他們的貪欲。他們很希望到東方去建立自己統治的國家。而中小封建主因為商品貨幣關係的發展而入不敷出。西歐當時盛行長子繼承制，封建主的遺產要全部傳給長子，其他兄弟成了無地騎士，其生活來源靠搶劫和服軍役，因此他們渴望到東方去掠奪財富和農奴。

當時，義大利城市如威尼斯、熱那亞、比薩等地的工商業特別發達，這些城市的商人要求在地中海東岸建立商站，以排擠他們的商業勁敵——阿拉伯和東羅馬的商人，使自己的商品在東方暢銷。所以義大利的城市對十字軍東征特別起勁，他們以武器、糧餉、船隻支持十字軍東征。

十一世紀中葉，隨著羅馬帝國的分裂，基督教分裂為東西兩部：在西部以羅馬教宗為教會最高統治者的基督教派稱天主教，其教會稱天主教會；而以東羅馬帝國首都君士坦丁堡為中心的東部教會自命為「正宗的教會」，故稱正教或東正教，其教會稱東正教會。

十字軍的發起者是教會。教宗把東侵說成是「聖戰」，企圖借此使東正教會屈從於羅馬教會，並強迫穆斯林改信天主教，從而擴張教會勢力。十字軍也有農民參加。一〇八九至一〇九五年，西歐連續七年發生災荒，疫病四起，常常是整村整村的死亡，迫使農民大批離開土地。他們幻想在東方能找到自由，擺脫封建枷鎖，改善他們的命運，就紛紛參加十字軍。這樣，幾乎歐洲所有的階級和階層的人，不論是封建主、僧侶，還是商人、破產農民，動機雖然不同，但都被遠征東方的欲望所驅使。

而十一世紀末東方國家的分裂和衰弱狀況也給西歐封建主以可乘之機。巴格達的哈里發政權在塞爾柱土耳其人打擊下滅亡。東羅馬帝國在地中海東岸的領土不斷被塞爾柱土耳其人所蠶食。東羅馬皇帝為抵禦土耳其人向羅馬教宗求救，這正好給了教宗發動東侵的一個藉口。一〇九五年十一月十八日，教宗烏爾班二世在法國南部的克萊蒙召開宗教大會。人們起誓遠征，他們紛紛在自己衣服上縫製紅十字作為標記。教宗命令

十字軍東征

各地主教鼓吹十字軍遠征的神聖使命。德意志、法國的貧農首先自發地參加了遠征。他們沒有什麼食物，路上又沒有給養可以補充，幾乎沒有武器，卻帶著成千上萬的婦女、孩子和老人，向著耶路撒冷走去，許多人不是在路上餓死、病死，就是被當地人殺死，或賣為奴隸。僥倖到了君士坦丁堡再轉到小亞細亞的人，在同突厥人的第一次開戰中就被打敗，只有倖存的幾千人逃回到君士坦丁堡。

一〇九六年秋天，歐洲各國封建主組成的第一次十字軍東征開始了。一〇九七年，各支隊伍在君士坦丁堡會合，約有三萬至四萬人。西歐騎士的粗暴無禮，使東羅馬人大為震驚。十字軍一到君士坦丁堡，東羅馬皇帝就迅速地把他們打發到小亞細亞，以免殃及自身。由於通往小亞細亞的路很難走，不時遭到土耳其人騎兵的襲擊，再加上天氣炎熱、缺少食物、疾病滋生，許多人馬倒斃。而這些騎士們，為爭奪每一個被占領城市的統治權而不斷發生內訌，倒並不急於去占領耶路撒冷。一直到一〇九九年一月，十字軍才向耶路撒冷進軍。五個月後，抵達耶路撒冷城下。這時的十字軍由於兩年多的征戰，雖然人數已大大減少，但仍有駐守耶路撒冷軍士的十餘倍，共有步兵一點二萬人，騎兵一千三百人。守城軍士雖僅有一千人，卻進行了英勇的抗擊，屢次擊敗十字軍強大的攻勢。面對這種情況，十字軍制做了許多木梯，企圖依仗人多強行爬上城頭。攻城這一天，十字軍從四面八方展開了猛烈的攻勢，但一直到下午五時仍未能攻入城池。十字軍決定使用攻城塔攻城，他們用獸皮遮蓋住攻城塔，一步步地移近城牆。守城軍士則機智地向攻城塔潑灑沸油和投擲火炬，使不少十字軍燒死在塔內。但是大量的攻城塔還在繼續不斷地運來攻城。結果，被攻城塔拋擲到城牆上的燃木引起了大火，守城軍士無法抵禦敗下城頭。七月十五日，抵抗了近四十天的耶路撒冷城陷落。接踵而來的便是大規模的屠殺和搶掠，被殺害者達七萬人，而十字軍中的「很多窮漢遂變成富翁」。

十字軍在被占領的地方建立了一些小國，建立西歐封建制度進行統治。為維護其統治和鎮壓人民起義，十字軍成立了一些宗教騎士團。騎士團的成員既是騎士又是僧侶，他們向自己的首領起誓，絕對服從首領和信守獨身。戰爭和掠奪是他們的主要目的。騎士團有堅固的城堡，他們用大量掠奪來的珍寶來擴大貿易和放高利貸。義大利的威尼斯和熱那亞，從十字軍東征中奪得的利益最多，如獲得享有免稅貿易權、占有一些富庶的地方等等。義大利商人把歐洲的呢絨和武器運到東方，又把東方的布匹、地毯、水果、香料等貨物運到歐洲，從中發了大財。

十字軍占領的國家並不鞏固，穆斯林和當地居民經常襲擊他們，十字軍內部又

十字軍東征

經常發生衝突，矛盾重重。而這時東方穆斯林各蘇丹國開始團結起來，共同抗擊十字軍。十字軍很快失去了大部分占領地區。為此西歐組織了第二次十字軍東征（一一四七年至一一四八年），企圖攻占大馬士革，但遭到了失敗。

十二世紀後半葉，塞爾柱土耳其人以埃及為中心建立起一個強大的穆斯林國家，他們的軍事首領薩拉丁是一個勇敢而天才的統帥，穆斯林十分尊敬他。他向十字軍宣布「聖戰」，頻頻打擊十字軍。十字軍騎士聽到他的名字就害怕。一一八七年七月初，薩拉丁派一小部分兵力圍攻太巴列，誘使十字軍主力前來救援。七月三日，十字軍大隊人馬進入傑貝爾居南山區。薩拉丁聞訊大喜，不禁高聲叫道：「這真是天從人意！」原來這裡是一片焦乾的丘陵地帶，無任何水源保證。薩拉丁迅即派出一支輕騎兵去吸引、牽制十字軍前衛部隊，同時讓大軍悄悄地繞過十字軍前衛部隊，對十字軍主力形成一個大包圍圈。入夜，薩拉丁派人在暗中破壞了十字軍的貯水罐的同時又不斷地騷擾十字軍，向他們的營地頻頻放箭，一次次打退企圖衝出包圍圈去附近湖邊取水的十字軍騎士。並在草叢中放火，讓煙火借風勢直衝十字軍營帳，使十字軍一夜困頓不堪。第二天上午，薩拉丁軍隊繼續攻擊，密集的箭雨使十字軍步兵大受損失。十字軍遂調整部署，讓步兵撤到中央，而令騎士向薩拉丁弓箭手衝擊。這樣反而使隊形混亂，所有的部隊都混在一起亂成一團。十字軍騎士儘管不斷進行反擊，但都被打退。最後，薩拉丁從四面八方發動總攻，包圍圈，在四周又築起一道火牆，把十字軍死死地圍在哈丁高地上。走投無路的十字軍，為免於一死都紛紛投降了。哈丁高地一戰，俘虜了包括耶路撒冷國王在內的許多十字軍高級將領，上百名騎士和成千名步兵陣亡。此戰之後三個月內，薩拉丁軍隊接連攻克阿卡、托倫、貝魯特、西頓、凱撒里亞、雅法和亞實基倫等沿海城市。九月下旬，薩拉丁兵臨耶路撒冷城下。十月二日，耶路撒冷乞降，被十字軍占領達幾十年之久的耶路撒冷重又回到穆斯林手中。

薩拉丁占領耶路撒冷的消息傳到西歐，使西歐各國的封建主大為震驚，教宗烏爾班三世驚恐而死。於是西歐又慌忙組織了第三次十字軍東征（一一八九年至一一九二年）。這次遠征軍聲勢浩大，由德皇紅鬍子腓特烈一世（Friedrich I）、英王獅心理查(Richard I)、法王腓力二世（Philippe II Auguste）親自率領。但出師不久，德皇還未到達巴勒斯坦，就在小亞細亞一條河中淹死，他所率領的德國十字軍也大半折回。理查和腓力常起衝突，戰略又不一致，因此進攻耶路撒冷的計畫並未實現。十字軍運動最高峰的第三次東征也沒取得多大成果。

一二〇二年至一二〇四年，教宗依諾增爵三世組織了第四次十字軍東征，這次東

十字軍東征

征最能說明十字軍的侵略性質。它不是去從穆斯林手中奪取耶路撒冷，而是去攻打和他們同樣信奉基督教的東羅馬帝國。一二〇四年，十字軍攻占了君士坦丁堡，使這座名城慘遭破壞，許多的古代藝術珍品被毀，甚至把古代銅像都拿來熔化改鑄貨幣。據史書記載，每個十字軍人「所分得的財物太多了，簡直無法計算，其中有黃金、白銀、寶石、金銀器皿、絲綢衣服、貴重毛皮，凡是世界上最寶貴的東西都有」。占領君士坦丁堡後，他們不想再向東方遠征，而是瓜分東羅馬帝國的領地，建立了一個拉丁帝國（一二〇四年至一二六一年）。直到一二六一年，希臘人才奪回了君士坦丁堡，但君士坦丁堡再也不能從十字軍的浩劫中恢復過來。

十字軍遠征的前景越來越壞，已沒有任何希望重新奪占耶路撒冷。於是，羅馬教會散布一種奇談怪論，說成年人「有罪」不能奪回聖地，只有純潔的兒童可以參加遠征。一二一二年，為數約三萬名，年齡都在十二歲以下的兒童，分乘七艘商船從馬賽進發。船行到薩丁島附近時，遭到風暴襲擊，兩艘船沉入海底。其餘商船上的孩子的命運也極為悲慘，船主把他們運到埃及後，全部賣為奴隸。從德意志出發的二萬名兒童的結局同樣很淒慘。當這批孩子南下義大利時，當地政府命他們回家，這些兒童幾乎在回程中全部死掉。

後來教宗和西歐封建主又組織了幾次十字軍。一二七〇年是最後一次（第八次），是法國國王「聖者」路易九世（Louis IX）組織的。這次也以失敗而告終，路易九世染疾身亡。一二九一年，十字軍在東方的最後一個據點——阿卡城，在埃及軍隊四三天的圍攻下丟失了。至此，十字軍東征以全面失敗而結束。

十字軍遠征的兩個世紀對西歐社會經濟和制度等方面的發展都具有重大意義。東西方的貿易聯繫日趨密切。歐洲人知道了東方許多新的農作物和水果（如大米、芝麻、西瓜、甘蔗糖等），開始在歐洲出現了新的生產業（如玻璃製造業和絲織業）。歐洲人學會了飯前洗手、熱水沐浴等東方文明習慣，多少了解了豐富多彩的東方文化，使他們的眼界大為開闊。西方人還從東方民族那裡學會了許多軍事技術，學會了製造燃燒劑和使用指南針。

蒙古西征

蒙古西征

時間　西元一二一九年至一二六〇年
參戰方　蒙古與中西亞各國
主戰場　西亞
主要將帥　成吉思汗及其子孫

蒙古西征是十三世紀上半期蒙古帝國征服中亞和東歐的戰爭。成吉思汗和他的繼承者以剽悍的武力征服了歐亞地區，以蒙古為中心，建立起由欽察汗國、察合台汗國、窩闊台汗國、伊兒汗國組成的橫跨歐亞大陸的龐大帝國。

蒙古西征共有三次，第一次是一二一七年至一二二三年成吉思汗西征，第二次是一二三四年至一二四一年拔都西征，第三次是一二五三年至一二五八年旭烈兀西征。

一二一七年，成吉思汗把南下滅金的任務交給木華黎，親自率兵直指西方。

一二一七年秋，成吉思汗命令速不台率軍征伐火都，速不台翻越重山峻嶺，到達楚河，與蔑兒乞殘部作戰，殺死火都，消滅了蔑兒乞的殘餘勢力。一二一八年，成吉思汗派遣大將者別率兵二萬攻打屈出律。當時屈出律正與阿力麻里的不紥兒汗相攻，聽到蒙軍進攻向西逃跑，者別擊潰西遼軍隊的阻擊，攻占了西遼都城八剌沙衮。屈出律逃往喀什噶爾，喀什噶爾地區的居民紛紛起來殺死監視他們的西遼士兵，屈出律繼續西逃，被蒙古軍隊追擊。者別把屈出律梟首示眾，喀什噶爾、沙車、和田等城相繼降蒙，西遼滅亡。

一二一九年，成吉思汗親自率領其子術赤、察合台、窩闊台、拖雷和大將速不台、者別，會集畏兀兒、哈剌魯、阿力麻里等部兵馬攻打花剌子模。蒙古軍隊在額爾齊思河流域分進合擊，察合台與窩闊台率兵圍攻花剌子模商城訛答剌城，術赤進攻氈的城，成吉思汗和拖雷統帥大軍直逼其都城布哈拉。一二二〇年春，蒙古軍隊攻古布哈拉，又攻陷了花剌子模新都撒馬爾罕，訛答剌與氈的城也相繼被攻陷。此後，成吉思汗命術赤、察合台與窩闊台共同圍攻烏爾根奇，命大將者別和速不台越過阿姆河追擊西逃的花剌子模國王摩訶末，打敗俄羅斯和欽察突厥，繞道裏海北岸回軍。一二二一年，成吉思汗渡過阿姆河，占領塔里寒城，派拖雷進攻呼羅珊，相繼攻陷

蒙古西征

你沙不兒、也里城，回師塔里寒城與成吉思汗會師。察合台與窩闊台攻陷烏爾根奇後，也到塔里寒城會師。成吉思汗親統諸路大軍追擊札蘭丁，在印度河擊敗其餘眾，札蘭丁隻身逃跑，花剌子模滅亡。蒙古軍隊越過高加索進入頓河流域，出兵歐洲。一二二三年在迦勒迦河決戰，大敗突厥與俄羅斯聯軍，俄羅斯諸王公幾乎全部被殺。此後蒙古軍隊班師而回。

一二三四年，太宗窩闊台召開諸王大臣會議，決定繼承成吉思汗的事業，繼續西征。窩闊台派兵分別攻打波斯（今伊朗）和欽察、比里阿耳等地，基本上征服了波斯全境。一二三五年，由於進攻欽察的軍隊受阻，窩闊台決定派強大西征軍增援，術赤之子拔都、察合台之子拜答兒，窩闊台之子貴由、拖雷之子蒙哥以及諸王、那顏、公主附馬的長子參加這次遠征，由拔都總領諸軍。次年，諸軍會師西征，進攻位於伏爾加河中游的比里阿耳，大將速不台征服不里阿爾。一二三七年，蒙古諸軍進攻欽察，蒙哥斬殺其大將八赤蠻，里海以北地區被蒙古軍隊占領。

拔都率軍大舉入侵俄羅斯，一二三七年底攻占梁贊、莫斯科等一四城。一二三八年二月攻陷弗拉基米爾，次年又攻陷基輔。一二四〇年，蒙古軍隊進攻孛烈兒（今波蘭）、馬紮爾（今匈牙利）。一二四一年四月，蒙軍攻占克拉科夫、萊格尼察等城，大掠摩拉維亞等地。這年年底，窩闊台死訊傳到軍中，拔都率軍從巴爾幹撤回伏爾加河流域。拔都率本部以撒萊為都城，在伏爾加河畔建立了欽察汗國。

一二五三年，拖雷之子旭烈兀率軍第三次遠征，蒙古軍隊進軍西亞。一〇月，旭烈兀率兵侵入伊朗西部，進抵兩河流域，目標首先指向了木剌夷國（今伊朗境內）。

一二五六年，旭烈兀統帥蒙古大軍渡過阿姆河，六月到達木剌夷境內。木剌夷首領魯克那丁在蒙古大軍壓境的形勢下，派遣他的弟弟沙歆沙向旭烈兀求和，旭烈兀要求魯克那丁親自來投降，但魯克那丁遲疑不決。十一月，旭烈兀命令蒙古軍隊發起猛攻，魯克那丁被迫投降。蒙古軍隊占領其都城阿剌模忒堡（今里海南）。一二五七年初，魯克那丁被蒙古軍隊殺死，他的族人也都被處死，木剌夷被完全平定。

一二五七年一月，駐守阿塞拜疆的拜住來到軍中，旭烈兀偕同拜住等繼續西征，直指黑衣大食首都巴格達。一二五七年冬旭烈兀、拜住等率軍三路圍攻巴格達，第二年初，三軍合圍，向巴格達發動總攻，蒙古軍隊用炮石攻打巴格達城，城門被炮火擊毀。二月，謨思塔辛哈里發率眾投降，旭烈兀攻陷巴格達。蒙古軍隊在城中大掠七天，謨思塔辛被處死，阿巴斯王朝滅亡。旭烈兀率軍繼續西進，兵進敘利亞，直抵大馬士革，勢力深入到西南亞。由於蒙古軍隊被埃及軍隊打敗，旭烈兀才被迫停止了西進，留居帖必力思，建立了伊兒汗國。

蒙古西征給中亞、西亞及東歐地區帶來巨大災難。鐵蹄所至，廬舍成為廢墟，百姓慘遭殺戮，生產力受到嚴重破壞。但是，蒙古鐵騎衝破了亞歐各國的疆界，促進了東西方經濟、文化的交往。在西征期間，許多外國工匠被蒙古貴族掠奪為其服務，他們帶來了精湛的手工技藝。十三世紀下半葉威尼斯商人馬可・波羅（Marco Polo）來華旅居，便是當時東西方文化交流的一個典型。

冰湖戰役

冰湖戰役

時間　西元一二四一年

參戰方　羅斯公國與日爾曼騎士團

主戰場　楚德湖

主要將帥　涅夫斯基（Alexander Nevsky）

中世紀早期，一支支居住在斯堪的納維亞半島的瓦蘭吉亞（瓦蘭幾亞）人，紛紛南下遠征東歐。八六二年，瓦蘭吉亞人的軍事首領留里克（Rurik），趁北方公國諾夫哥羅德內訌之機，率親兵隊奪取了政權，建立了俄羅斯第一個王朝——留立克王朝。八八二年，留立克的親屬奧列格沿水路南下，征服了南方的基輔，並把統治中心移到這裡。接著他又先後征服了東斯拉夫各個部落，建立起一個以基輔為中心的幅員遼闊的國家，歷史上稱作基輔羅斯，即古代羅斯國家。隨著封建制度的發展，到十二世紀，基輔羅斯分裂為許多小國，各國之間經常進行封建混戰，因此削弱了對外防禦能力。一二三七年，成吉思汗的孫子拔都率領蒙古軍隊入侵羅斯國家；一二四〇年占領基輔，東北羅斯和西南羅斯相繼處在蒙古人的鐵蹄之下。西北羅斯諸公國波洛茨克、明斯克、普斯科夫、圖羅夫——平斯克和諾夫哥羅德的大部，由於沼澤和森林的阻礙，沒有遭到蒙古人的入侵。但這些公國為爭奪波羅的海沿岸地區，與日爾曼騎士團、瑞典人、丹麥人展開了激烈的鬥爭。

波羅的海東岸和南岸居住著普魯士人、立陶宛人、利維夫人和愛沙尼亞人。在十一至十二世紀，他們還處在原始社會的末期階段，信奉多神教。十二世紀下半葉，羅斯王公和日爾曼商人都同時向這裡擴張。日爾曼人以軍事征服、移民和傳教等方式在這裡站住了腳跟。十二世紀末，他們成立了條頓騎士團。十三世紀初，隨著日爾曼十字軍的擴張，他們又在道加瓦河河口處建立里加城，在這一帶成立了立窩尼亞騎士團，繼而逐漸征服了波羅的海沿岸地區。

楚德湖以東則基本上屬於羅斯的諾夫哥羅德公國的勢力範圍，諾夫哥羅德的富商、世襲領主組織市民武裝隊侵襲北方各個部落，奪走他們的毛皮，把他們的妻室兒女擄去當奴隸，強迫他們交付大量毛皮作為貢賦。十三世紀上半葉，為了鎮壓普魯士人的反抗，加強對被征服地區的統治，條頓騎士團和立窩尼亞騎士團合併。他們在教宗、德意志皇帝和丹麥國王的大力支持下，向波羅的海沿岸大舉進攻，並讓日爾曼移民一批又一批地湧到普魯士人的領土上來。這樣，就同與他們相鄰的波洛茨克、諾夫哥羅德等羅斯公國的利益發生了衝突。羅斯公國為了爭奪這些地區，曾同日爾曼騎士團多次較量過，無法抵擋住日爾曼騎士團的攻勢，逐漸失去一些殖民地區，不久連諾夫哥羅德和普斯科夫兩城也面臨著日爾曼人的威脅。但這時更大的威脅卻來自瑞典，瑞典人利用羅斯公國的困境首先發兵進犯。

一二四〇年七月，正值蒙古人入侵基輔之際，在瑞典國王女婿畢爾格的指揮下，五千名瑞典軍隊乘坐一百艘大船突然出現在芬蘭灣，並駛入涅瓦河，目的在於占領從芬蘭灣到諾夫哥羅德地區的水路，以控制整個東歐的貿易。瑞典軍隊很快在伊若拉河岸安營紮寨。諾夫哥羅德王公亞歷山大・雅羅斯拉維奇得知這一消息後，立即召集親兵隊和為數不多的民軍前去迎擊。他不等全部人馬到齊，就帶領一支部隊沿沃爾霍夫河向拉多加湖先行進發，沿途不斷收編拉多加人和一些衛隊，並了解到瑞典軍的實力及營地位置的情報。由於雙方力量懸殊，不能硬拚，亞歷山大決定先發制人，實行突然襲擊。他命令部隊急行軍，隱蔽地接近瑞典軍隊。七月十五日上午十一時，諾夫哥羅德軍隊乘大霧之機，兵分兩路：一路由亞歷山大親自指揮，去襲擊駐紮在伊若拉河口的瑞典軍營地；另一路由諾夫哥羅德人米哈伊爾率領，沿涅瓦河進攻瑞典艦隊。這突如其來的打擊，使瑞典人暈頭轉向，來不及組織回擊就有三艘艦隻被擊沉，許多士兵被打死或淹死，僅有一小部分瑞典軍隊乘船逃脫，畢爾格本人也差點被亞歷山大殺死。這一仗，羅斯軍隊僅損失二十多人。由於這次勝利，亞歷山大得到了「涅夫斯基」（即涅瓦王之意）的稱號，此後他被稱為「亞歷山大・涅夫斯基」。涅瓦河之戰的勝利，使諾夫哥羅德掌握了涅瓦河口的控制權，保住了它在東歐貿易中的主導地位。它大大地鼓舞了諾夫哥羅德的戰鬥士氣，也提高了他們同日爾曼騎士團鬥爭的信心。

亞歷山大的威望大大提高，也使得他和力圖限制王公權力的貴族發生了尖銳的衝突。亞歷山大無奈辭掉王公職位，定居在佩列亞斯拉夫。

就在涅瓦河之戰的當年，日爾曼騎士團和丹麥封建主派十字軍騎士侵入了普斯科夫公國，占領了該公國的伊茲波爾斯克城。普斯科夫急忙派軍前去迎擊，結果卻吃了敗仗逃回。日爾曼騎士和丹麥人兵臨普斯科夫城下，以特維爾季拉・伊凡諾維奇將軍為首的城市貴族在大敵面前竟宣布獨立，打開城門迎接騎士團軍隊進城。日爾曼人進駐普斯科夫後，又進一步進逼諾夫哥羅德公國。他們沿魯卡河而上，來到距諾夫哥羅德只有三十多公里的地方，在那裡築起要塞，掠奪當地居民，洗劫羅斯村莊，騷擾諾夫哥羅德的四郊。諾夫哥羅得城內的貴族一片驚慌，居民混亂。市民會議要求共同團結，抵禦外敵，但貴族領主無人敢當此重任。迫於市民的壓力，不得已派使者去請亞歷山大出山，組織抗擊。一二四一年春，亞歷山大回到諾夫哥羅德。他採取的第一個行動，就是率領由諾夫哥羅德人、拉多加人、伊若爾人和卡累利阿人組成的聯軍，拔掉日爾曼人在科波裏葉建立的據點。避免瑞典人與日爾曼人聯合。他又會同弗拉基米爾——蘇茲達爾的軍隊，一起向伊茲波爾斯克和普斯科夫兩城推進，重新恢復了普斯科夫公國。之後，他率軍進入愛沙尼亞，把軍事行動引向騎士團領地，騎士團獲悉這一消息後，連忙在傑爾普特主教管轄區內募集了一支大軍迎戰羅斯軍隊，亞歷山大派了一支偵察隊前去探聽消息。他們在楚德湖以西的哈馬斯特村附近與騎士團的一支大軍的先發部隊不期遭遇，騎士團立即向他們發出攻擊。偵察隊毫無準備，倉促應戰，大部分戰死，連偵察隊長也死了，只有少數人逃回。亞歷山大得知日爾曼騎士正經楚德湖取近道向諾夫哥羅德進發，便立即採取對策，率軍以急行軍速度回師東北，通過楚德湖和普斯科夫湖之間的狹窄地段，到達楚德湖的東岸。他充分利用地利之優勢，將部隊部署在烏鴉石島附近，以便阻擊敵人。烏鴉石島地區有溫泉，春季湖水較暖，岸邊結冰較薄。亞歷山大的計畫是搶在敵人之前占領楚德湖東岸的有利地形，全力阻擊敵人，不讓其上岸。這樣，薄冰難以承受身著笨重盔甲的十字軍重裝騎兵，以致塌陷，就有可能使他們墜入冰湖之中。

當亞歷山大軍隊剛剛占領湖東岸、還未完全展開的時候，日爾曼騎士團就已到達。雙方擺開了戰鬥隊形，日爾曼騎士的兵力約有一萬兩千人，採用的陣勢是楔形陣。陣勢的中央正前方是重裝騎兵，其後是手持矛劍的步兵，兩翼和後衛由騎士加以保護。這種陣勢的特點是主力居前，戰鬥時，楔尖可直插敵方中央，使之分裂，然後各個擊破。這種陣勢的弱點是兩翼易受攻擊。亞歷山大根據日爾曼騎士慣用這種擺陣法，便採取了兩面夾擊的戰術。他的兵力共有一五千至一萬七千人左右。他把三分之二的兵力布在兩翼，每一翼的步兵都有騎兵殿後；三分之一的兵力（步兵）位居中央，其前是輕騎兵。四月十一日拂曉，日爾曼騎士團先行發起攻擊，戰鬥正式打響。騎士團的重裝騎兵打退了羅斯軍隊的箭石射擊，突破了羅斯軍中央。但當他們衝到岸邊時，卻陷入了羅斯軍隊兩翼的夾擊。羅斯軍隊的兩翼步兵迅速迂迴到騎士團的側翼和後方，開始突擊。步兵使用鉤子將騎士拉下馬打死打傷，羅斯軍隊的兩翼包抄使騎士團無法實施機動戰術，而被困在一塊狹小的地段上，處在羅斯軍隊的圍攻打擊之中。冰承受不住重裝騎兵的壓力而破裂了，許多騎兵溺死，只有少數騎士突出重圍逃走。羅斯騎兵乘勝追擊，一直追到蘇博利奇河岸才收兵回營，這次冰湖之戰約有五百名騎士和數千名武士被殺和被俘。

這次冰上大戰，是羅斯繼涅瓦河戰役之後的又一重大勝利。它打擊了不可一世的日爾曼騎士團，阻止了他們繼續向東擴張的企圖，鞏固了羅斯的西北邊境，在很長一個時期內，保證了西北羅斯的安寧。

百年戰爭

百年戰爭

時間　西元一三三七年至一四五三年
參戰方　法國、英格蘭
主戰場　英格蘭與法國境內
主要將帥　查理、威廉

百年戰爭，是歷史學家對法國和英格蘭在一三三七年至一四五三年間斷續進行的長達一百一十六年戰爭的稱呼。

八一四年，顯赫一時的西歐君主查理大帝（Charles the Great）去世，幅員廣大的查理帝國也隨之分裂了。八四三年，查理大帝的三個孫子在凡爾登締結條約：三分帝國，各據一方。後來的法國、德國和義大利三個國家即由此發展而來。由查理帝國分裂出來的法國，長期處於封建割據狀態，國王的權力很小，英格蘭國王在法國還占有很多領地。英格蘭國王怎麼會在法國占有領地呢？這要追溯到諾曼第征服，百年戰爭的起因和它有直接關係。一〇六六年，法國大封建主諾曼第公爵威廉為了奪取英格蘭國王王位，率兵渡海進入英格蘭，加冕稱王，英格蘭歷史上稱為威廉一世。威廉雖然是英格蘭國王，但同時又以法王的附庸身分占有諾曼第，以後他的後裔把在法國的領地逐漸擴充到法國西部。到了十二世紀晚期，英格蘭國王在法國的領地竟是法王領地的六倍。從十三世紀初開始，法王陸續收復了英格蘭國王在法國的領地。至十四世紀初，英格蘭國王還保留著西南沿海的一些地方。英法矛盾還有一個更深刻的原因，就是雙方都想爭奪富庶的法蘭德斯（現在的比利時西部和法國的北部）。

法蘭德斯有著發達的呢絨業，法王迫切希望將法蘭德斯併入自己的王室領地。但英格蘭與法蘭德斯有密切的經濟聯繫，羊毛是英格蘭的主要出口物資，一三〇〇年英格蘭出口總值三十萬鎊，羊毛就占了二十八萬鎊，其主要市場就是法蘭德斯。英格蘭當然十分害怕法國統治法蘭德斯，損害它的經濟利益。在英格蘭與法國的爭奪中，法蘭德斯出於自身利益支持英格蘭，承認英格蘭國王是法蘭德斯的最高統治者，繼而乾脆承認英格蘭國王也是法國國王。原來英格蘭國王愛德華三世（Edward III）的母親是法王腓力四世（Philippe IV le Bel）的女兒。腓力四世去世以後，他的兒子查理四世（Charles IV le Bel）繼位，但死後沒有子嗣。愛德華三世乘機以外甥的身分要求繼承法國王位，但法國封建主卻推舉腓力五世（Felipe V de Francia）的侄子瓦盧瓦伯爵腓力為法國國王，稱為腓力六世（Philippe VI），從此法國開始了瓦盧瓦王朝的統治（一三二八年至一五八九年）。領土爭奪加上王位繼承的糾紛，終於釀成了一場長達一百餘年的大戰。這場百年戰爭，以王朝之間的爭奪開始，逐漸轉變為侵略與反侵略的戰爭。

百年戰爭

一三三七年一月至一三六〇年為戰爭第一階段。西歐從十四世紀起，步兵已開始取代騎兵成為戰爭的主要力量，戰術也相應地發生了變化。英格蘭軍隊的主力由自由民組成，有良好的紀律，步兵騎兵協同作戰，採用進攻性的防禦戰術。法軍的主力則是由封建貴族組成的重裝騎兵，步兵由義大利僱傭兵組成。封建貴族看不起僱傭兵，不願與他們協同作戰，仍採用突出個人、不顧整體的作戰方法，因此戰爭初期法軍接連敗北。

一三四六年八月二十六日，英格蘭與法國軍隊在克雷西相遇，法軍三倍於英格蘭軍，士氣高昂。傍晚時分，法軍首先發起進攻，打頭陣的是義大利熱那亞的弓箭手，法軍的箭射程短、威力小，射不到英格蘭軍陣地，時間一長攻勢便弱了下來。而這時英格蘭軍卻射出一支支箭，霎時，那些打頭陣的熱那亞僱傭兵一個個丟盔棄甲往陣地拚命奔跑，丟下了一大批屍體。這是因為英格蘭軍的弓箭都是長弓，殺傷力極大，他們每分鐘能射出十至十二支箭，有效射程達一百五十多公尺。銳利的箭能穿過頭盔，穿透鎧甲。驕橫的法國騎士一見這陣勢便衝了過來，大罵那些熱那亞弓箭手：「滾開，別在這兒擋道，你們這些膽小鬼！」法軍又發出了攻擊令，騎士的榮譽感使他們爭先恐後地衝了過去。可惜英格蘭軍弓箭手訓練有素，箭無虛發，使許多騎士倒地而死，沒有一個騎士能衝到英軍陣前。直到深夜，法國騎士還在不顧一切地向英格蘭軍陣地衝，但他們在英格蘭軍強大的弓箭手面前卻毫無辦法。第二天早晨，法國騎士的屍體堆滿了山谷，損失騎士四千餘人。隨後英格蘭軍又攻陷了加萊城，這個海港就長期成為英格蘭在歐洲大陸的據點。

一三五六年九月十九日，兩軍又在普瓦捷對陣。法軍在騎兵衝鋒失敗以後，便仿照英格蘭人的戰術下馬緩步前進，而英格蘭軍卻抽調預備隊對法軍側翼發起一場猛攻。身著沉重鎧甲中的法國騎兵行動不便，只能坐以待斃，法王約翰二世（Jean II）和大批貴族被俘。英格蘭封建主對這次戰爭十分積極，他們想借戰爭蹂躪法國的城市、農村和城堡，指望俘虜法國的封建主而得到大筆的贖金。所以劫掠很快成了英格蘭人對這次戰爭的根本動機。在每一次的侵掠中，英格蘭人都獲得許多戰利品和法國的被俘騎士，他們就以這些騎士為人質勒索大量贖金，僅被俘的約翰二世的贖金就高達三百萬金幣。法國被迫於一三六〇年在布勒丁尼訂立和約。和約條款極為苛刻，法國把加萊港和西南部的大部領土割讓給英格蘭。

法國的潰敗使國內人民的負擔急劇加重，階級矛盾更加嚴重起來。一三六四年，法王約翰二世囚死倫敦，其子查理繼位，是為查理五世（Charles V le Sage）。他利用訂立和約的喘息機會，進行了許多財政和軍事改革，決心廢棄屈辱的對英格蘭和約。一三六九年，他開始反擊英格蘭，戰爭進入第二階段（一三六九年至一三九五年）。法國逐漸收復大片失地，也付出了巨大代價。

一四一五年八月，英格蘭王亨利五世（Henry V）乘法國封建主集團發生內訌，農民和市民舉行新的起義，法國力量遭到削弱之機，率兵六萬在塞納河口登陸，戰事再起，進入第三階段（一四一五年至一四二〇年）。英格蘭迅速占領了包括巴黎在內的法國北部廣大地區。

亨利五世宣布要統治法國。一四二〇年五月雙方簽訂特魯瓦條約。按照和約條款規定，法國淪為英法聯合王國的一部分。英格蘭國王亨利五世宣布自己為法國攝政王，並有權在法國國王查理六世（Charles VI）死後繼承法國王位。但是，查理六世和亨利五世於一四二二年都先後猝然死去。由於爭奪王位鬥爭（一四二二至一四二三）加劇，法國遭到侵略者的洗劫和瓜分，處境十分困難。苛捐雜稅和巨額賠款沉重地壓在英格蘭占據區居民的身上。爭奪王位的戰爭已轉變為民族解放戰爭。

為澈底打垮法國，英格蘭再次進攻一路打到奧爾良。奧爾良是通往法國南方的門戶，一旦陷落，法國全境不保。

牧羊女貞德（Saint Joan of Arc）出生在法國北部的一個小村莊，艱苦的生活賦予了她堅強的性格。一四二八年，她三次求見王太子，陳述她的救國大計。一四二九年四月二十七日，王太子授予貞德「戰爭總指揮」的頭銜。她全身甲冑，腰懸寶劍，扛著上面繡有「耶穌，瑪利亞」字樣的大旗跨上戰馬，率領三千至四千人向奧爾良進發。奧爾良已被英格蘭軍包圍達半年之久。貞德先從英格蘭軍圍城的薄弱環節發動猛烈進攻，英格蘭軍四散逃竄。四月二十九日晚八時貞德騎著一匹白馬，在錦旗的引導下進入了奧爾良，全城軍民燃著火炬來歡迎她。貞德高昂了法軍的士氣，迅速攻克了幾個要塞，敵人聞風喪膽。人們歌頌貞德的戰功，稱她為「奧爾良姑娘」。五月八日，被英格蘭軍包圍兩百零九天的奧爾良終於解了圍。奧爾良戰役的勝利，扭轉了法國在整個戰爭中的危難局面。貞德又率軍收復了北方許多領土。但是，宮廷貴族和查理七世（Charles VII）的將軍們卻不滿意這位「平凡的農民丫頭」的影響擴大，蓄意謀害貞德。一四三一年五月三十日上午，不滿二十歲的貞德備受酷刑之後在盧昂城下被活活燒死。貞德之死激起了法國人民的極大義憤和高度愛國熱情，在人民運動的壓力下法國當局對軍隊進行了整頓。一四三六年法軍攻取巴黎；一四四一年收復香檳；一四四七年奪回盧昂和諾曼第；一四五三年又收復基恩。一四五三年十月十九日，英格蘭軍在波爾多投降，戰爭至此結束。

這場曠日持久的百年戰爭，使法國經濟遭到很大的破壞，人口比戰前減少了三分之一，許多城市變成了廢墟。但經過這場戰爭的洗禮，法國最終形成一個真正的獨立民族國家。法國由此演變成了封建君主專制政體，王權進一步加強了。戰後的英格蘭，在經歷了一段內部的政治紛爭後，也建立起中央集權的君主專制國家。

庫里科沃之戰

庫里科沃之戰

時間　西元一三八〇年
參戰方　莫斯科大公國與金帳汗國
主戰場　庫里科沃平原
主要將帥　迪米崔．頓斯科伊（Dmitry Donskoy）、馬麥（Mamai）

莫斯科建於一一四七年，一一五六年築起城堡。亞歷山大．涅夫斯基的兒子丹尼爾統治時期，莫斯科的地位開始提高。以莫斯科為中心的莫斯科大公國，地處俄羅斯民族各部落居住地的中心，商業地理位置優越。一三八〇年的庫利科沃（庫里科沃）戰役，俄羅斯人大勝蒙古軍隊（金帳汗國），加速了全俄羅斯的統一進程。

十二世紀時，蒙古人的住地不斷擴大，東到呼倫貝爾湖，西到阿爾泰山西麓，北到貝加爾湖和葉尼塞河上游，南達長城。一二〇六年，鐵木真被尊奉為成吉思汗，

庫里科沃之戰

建立了蒙古大汗國。成吉思汗建立了以部落分支為基礎的嚴格的軍事組織和同游牧生活相結合的騎兵，他們從中國和西域學會了優良的戰術和兵器以後，攻城時使用投石機、撞城器和裝有石油等易燃液體的陶罐，戰鬥力大大加強，在歐亞大陸上所向披靡。

一二三五年，蒙古決定遠征歐洲，由成吉思汗的孫子拔都擔任統帥。一二三六年，蒙古人越過烏拉爾進入了卡馬河流域，澈底破壞了保加爾人地區。一二三七年冬，蒙古軍進入梁贊公國，梁贊軍民與拔都軍隊大戰五日，城破民亡。一二三八年初，蒙古軍到達莫斯科，城市被毀，居民遭到屠殺。

莫斯科的攻陷，開啟了通向東北羅斯的道路，拔都率軍長驅直入，在不到一個月的時間裡，幾乎整個東北羅斯都處在侵略者的鐵蹄之下。一二三九年，拔都軍隊在波洛韋茨草原經過一段休整和補充後，又開始出征西南羅斯。一二四〇年秋，蒙古人開始圍攻基輔，十一月十九日，基輔淪陷。之後，拔都又繼續西進，一直攻到亞得里亞海岸東部。

一二四三年，拔都軍隊定居於伏爾加河下游草原地帶，定都薩萊，建立了蒙古人的國家——金帳汗國（意即投金部落，中國史稱欽察汗國）。俄羅斯各個公國都成了金帳汗國的附庸，須向蒙古人交布貢。金帳汗利用各公國間的鬥爭，互相牽制，實現對俄羅斯的統治。金帳汗還頒布「冊封詔令」，在各公國王公中選一個代理人，任命為全俄羅斯大公，使他凌駕於其他王公之上，由他代表蒙古人在俄羅斯各地徵收貢賦。十四世紀上半葉，統治莫斯科公國的伊凡．卡利塔（一三二八年至一三四〇年在位）是個謹慎、狡猾、有智謀和有遠見的王公。他千方百計取悅金帳汗，主動幫助蒙古人鎮壓人民起義，用金帛向可汗及其妻妾、近臣行賄，取得了「全俄羅斯大公」的稱號。他巧妙地利用金帳汗對他的信任，為自己謀利，逐漸擴大自己公國的勢力和領土。經過他多年苦心經營，為後來莫斯科公國統一俄羅斯創造了物質基礎，使莫斯科逐漸具備了同蒙古人作鬥爭的前提條件。

莫斯科公國的實力在卡利塔之孫迪米崔．頓斯科伊在位時（一三五九年至一三八九年）更為加強。迪米崔．頓斯科伊即位時年僅十歲，他有雄才大略，從幼年起就過慣了戎馬征戰的生活。他大力加強莫斯科的防衛設施，在城的周圍築起石頭城牆，用來代替原先的木牆。而這時的金帳汗國內部的封建割據卻日益加劇，從一三六〇到一三八〇年間，金帳汗國內訌不斷，先後更換了十四個汗。國家四分五裂，力量大為衰落。迪米崔．頓斯科伊抓住這一有利時機，開始組織反擊。

庫里科沃之戰

一三七八年，名義上統治金帳汗國的馬麥汗率兵進擊莫斯科，在沃熱河一帶敗北。一三八〇年，馬麥汗率十五萬大軍捲土重來。為使莫斯科公國兩面受敵，馬麥汗與立陶宛大公亞蓋洛・奧利蓋爾多維奇結盟，定於九月一日會師，共同迎擊莫斯科。迪米崔・頓斯科伊得到馬麥汗出動大軍的消息後，向俄羅斯各公國派出急使，號召他們盡可能派出兵力來保衛俄羅斯領土。另一方面，他迅速聯合十萬至十五萬人的兵力，集結於通往莫斯科的要道——科洛姆納和謝爾普霍夫城，以防馬麥汗進攻。

九月八日清晨，迪米崔・頓斯科伊率軍渡過了頓河，到達庫利科沃原野，展開戰鬥隊形。這時馬麥汗軍駐紮在離此八公里遠的地方。迪米崔・頓斯科伊根據蒙古軍慣常使用的合圍戰術的特點和當地的地形條件，把軍隊編組成縱深戰鬥隊形：中間是大公的加強團，兩邊是左右翼團隊，兩翼可憑險據守，使蒙古騎兵難以接近。莫斯科軍隊的主力之前再配有前衛團和先遣團。前衛團的任務是接戰，先遣團的任務是對付敵人騎兵首次衝擊並打亂其戰鬥隊形。兩團都要削弱敵人主力突擊的力量。加強團之後配有部分騎兵預備隊。

由於庫利科沃原野不大，周圍岡巒起伏，溝壑縱橫，沿河叢林密布，中間又有一片沼澤，這種地形極不利於蒙古騎兵合圍戰術的運用；但卻為俄羅斯軍隊設埋伏準備了良好條件。與迪米崔・頓斯科伊對抗的馬麥汗，所採用的戰術仍然是老一套，企圖用騎兵包圍俄羅斯軍，然後從正面、翼側和後方發起突擊。

八日中午十二時許，大霧消散，兩軍相遇。馬麥汗軍隊向前逼進，在離俄羅斯軍一箭之遠的地方停了下來，開始戰鬥。按照常規，先由俄羅斯軍的一位勇士向蒙古人的一位勇士挑戰，兩人策馬相交片刻，使同歸於盡。隨後軍號的響聲、戰鬥的呼喚、馬蹄聲、武器碰擊聲響成一片。蒙古騎兵先後擊退迪米崔・頓斯科伊的前衛團和先遣團，並用三個小時試圖突破俄羅斯軍隊的核心和右翼。最後發展成肉搏戰，屍體成堆。俄羅斯各團損失慘重，迪米崔・頓斯科伊本人在加強團中負傷，大公的帥旗也被蒙古人砍倒。蒙古人已經突破俄羅斯軍的左翼並出現在主力之後方。在這千鈞一髮之際，迪米崔・頓斯科伊的伏擊團像離弦之箭，突然從叢林中衝殺出來，向蒙古人的翼側和後方發起猛攻。突然襲擊使蒙古軍陣腳大亂，開始潰退。馬麥汗此時也落荒而逃。俄羅斯軍隊追擊蒙古軍近五十公里方鳴金收兵。

庫利科沃一戰，雙方損失慘重，共傷亡二十萬人，俄羅斯軍戰死六萬人。會戰以後，迪米崔・頓斯科伊獲得「頓斯科伊」（即「頓河英雄」）的稱號。立陶宛大公亞蓋洛不敢與獲勝的俄羅斯軍交戰，退兵回到立陶宛。

庫里科沃之戰

庫利科沃戰役使金帳汗國的軍事力量大大削弱，蒙古軍隊不可戰勝的神話被打破。會戰的勝利，鞏固和加強了莫斯科大公國的地位，也促進了俄羅斯人民民族自覺性和自信心的提高。

庫利科沃戰役後，又過了一百年，俄羅斯終於完全擺脫了蒙古人兩個多世紀的統治，迎來了統一的俄羅斯國家的曙光。

安卡拉之戰

安卡拉之戰

時間　西元一四〇二年
參戰方　土耳其與中亞征服者帖木兒的軍隊
主戰場　安卡拉
主要將帥　帖木兒（Timur）

土耳其人的祖先是中國北方的突厥人。六至七世紀，隋、唐時期中國開始強大，開始向外擴張，滅了突厥國。一二九九年，突厥人的一脈奧斯曼人成立獨立的國家。到十四世紀中葉，形成真正統一的奧斯曼國家。十五世紀前後，奧斯曼人把腳步邁向了君士坦丁堡，而這時的蒙古也正大力向這一地區擴張，雙方開始搶奪。

帖木兒是想重溫大蒙古帝國的舊夢，血腥向外擴張，首先征服察合台汗國。一三九九年侵入土耳其的安納托利亞。一四〇二年，奧斯曼土耳其軍隊與蒙古帖木兒

安卡拉之戰

軍隊在安卡拉近郊開戰。土耳其蘇丹巴耶濟德一世（Bayezid I）率領七萬軍隊在東部山林地帶設防，這種地形不利於帖木兒軍主力騎兵作戰。帖木兒為殲土耳其軍於平原，便迂迴前進，從南面逼近安卡拉，土耳其軍被迫放棄預設的陣地回師。帖木兒軍約十五萬人以逸待勞，土耳其軍經急行軍而精疲力竭，交戰開始便陷於被動，左翼被包抄，右翼的軍隊紛紛倒戈，土耳其軍潰敗。巴耶濟德一世在逃跑中被俘，翌年死亡。帖木兒率軍繼續西進。

安卡拉一戰，土耳其軍幾乎全軍覆沒，導致奧斯曼帝國內部危機加深，只好推遲了對拜占庭及歐洲的擴張，但是最終奧斯曼帝國還是發展成為一個跨越歐亞非的強大帝國。其後，奧斯曼人的征服和統治加速了許多地區的伊斯蘭化，對以後的世界格局產生深遠影響。奧斯曼擁有一支在分封土地制度上建立起的強大軍隊。紀律嚴明，戰鬥力很強，而且幾位國王都是傑出的統帥，雄才大略，善於分析戰略形勢並抓住時機，英勇善戰和正確的戰略戰術相結合，保障了奧斯曼帝國以後取得大部分的勝利。

這是兩個游牧民族之間的爭奪，對土耳其人的擴張造成了一定影響，大大推遲了奧斯曼帝國中央集權的形成。

條頓戰爭

條頓戰爭

時間　西元一四一〇年
參戰方　條頓騎士團與波蘭、立陶宛聯軍
主戰場　盧本湖畔
主要將帥　容金根（Ulrich von Jungingen）

一四一〇年七月，波蘭、立陶宛聯軍進行了殲滅條頓騎士團的決戰。

中世紀時的歐洲出現了一個特殊的階層，他們以服騎兵軍役為條件，獲得國王或大封建主的封地。他們是參加鎮壓農民起義、國王或大封建主掠奪戰爭的級別最高的戰鬥人員，是以馬代步馳騁於沙場的貴族。他們就是騎士階層。

條頓騎士團的一項任務是擴大羅馬天主教會在東歐的統治。他們所到之處遭到了該地區的國家和人民的強烈反抗。波蘭與立陶宛組成了聯軍反抗條頓騎士團。

條頓戰爭

七月三日，波蘭、立陶宛聯軍在波蘭國王的率領下，向馬林堡進發，途經格倫瓦爾德時與條頓騎士團的主力相遇。聯軍於盧本湖畔的森林中集結，展開戰鬥隊形迎戰。

騎士團首先大炮齊射，再出騎兵。然而，他們的炮火並未給聯軍造成重大損失。自己的騎兵卻損失了不少。這時，波蘭各梭鏢騎士隊向騎士團右翼發起了猛烈衝擊，突破了敵人的防線。波蘭軍的順利衝擊和立陶宛各梭鏢騎士隊同心協力的戰鬥擊潰了騎士團。一陣衝殺過後，騎士團被圍殲，大部分官兵戰死，團長容金根陣亡。

波蘭、立陶宛聯軍使騎士團遭到決定性的失敗，阻止條頓騎士團的東侵。

胡斯戰爭

胡斯戰爭

時間西元一四一九年至一四三四年

參戰方　捷克人與德國封建主和天主教會

主戰場　維科山

主要將帥　揚・傑式卡（John Zizka of Trocnov and the Chalice）

這是十五世紀，由捷克民族英雄揚・胡斯（Jan Hus）領導的農民運動，旨在進行宗教和土地改革。

十五世紀初葉，捷克是當時歐洲經濟最發達的國家之一，但經濟命脈卻被德國移民所控制。天主教會是國內最大的封建主，占有捷克近半數耕地，而教會上層大多又是德國人。德國封建主也在捷克擁有大片地產，捷克城市和礦產也操縱在德國貴族手中。德國教會貴族與捷克封建統治者互相勾結，殘酷壓榨捷克人民。

捷克的宗教改革家、布拉格大學教授揚・胡斯認為，教會占有大量土地是一切罪惡的根源，主張沒收教會財產收歸國有。他的主張遭到了教會的仇恨。一四一五年七月，胡斯被教會判以異端分子罪名焚死。胡斯之死激起捷克人民極大的憤慨。一四一九年七月二十二日四萬農民和城市貧民在捷克南部的塔波爾山丘舉行大規模武裝起義。為支援起義，七月三十日布拉格爆發城市貧民起義，胡斯戰爭由此開始。起義軍擁有一支常備軍，主力是步兵，也有騎兵和炮兵。基本戰術單位是戰車，數十個車組編為一個「戰車隊」。步兵、騎兵與之協同作戰，炮兵擁有野炮和攻城炮。他們把火炮布置在戰車中間，步兵和騎兵隱蔽在工事內，戰車保護士兵不受重騎兵的襲擊。胡斯軍隊的戰術多半是進攻行動。

一四二〇至一四二一年起義軍在傑式卡的領導下接連擊退教宗和德皇組織的三次十字軍進攻。傑式卡在戰鬥中雙目失明，仍頑強指揮作戰，直到一四二四年病逝。捷克人民為紀念這位功勳卓著的民族英雄，把粉碎第一次十字軍討伐的維科山改名傑式卡山。此後起義軍在普洛科普（Prokop the Great）指揮下繼續作戰並乘勝轉入反攻，把戰爭推到德國境內，一直攻到波羅的海沿岸，給德國封建主以沉重打擊。教宗與德皇見軍事鎮壓無法奏效，便決定採取分化和瓦解策略。在起義軍內部胡斯的信徒分為兩派，市民和中小貴族屬於溫和派（聖杯派），農民和城市貧民屬於激進派（塔博爾派）。

後來以市民階級和貴族為主的溫和派背叛了人民，並於一四三四年的利帕尼會戰中打敗激進派，胡斯戰爭結束。

胡斯戰爭給德國在捷克的勢力以沉重的打擊，保證了捷克在一定時期內脫離神聖羅馬帝國而獲得獨立的政治地位。激進派的思想傳播到捷克鄰近各國以及整個歐洲，促進了這些國家十五、十六世紀反封建鬥爭的高漲，推進了許多國家的宗教改革運動。「沒有胡斯運動，就沒有捷克民族」。胡斯戰爭也是歐洲國家首次對羅馬天主教會的大規模武裝反抗，它為十六世紀的德意志農民戰爭和歐洲的宗教改革運動播下了種子。

君士坦丁堡的陷落

君士坦丁堡的陷落

時間　西元一四五三年
參戰方　奧斯曼土耳其與東羅馬
主戰場　君士坦丁堡
主要將帥　穆罕默德二世（II. Mehmed）、君士坦丁十一世（Constantine XI Palaiologos）

西元十五世紀，奧斯曼土耳其經過長期的準備，終於攻陷了具有一千多年的歷史名城君士坦丁堡，滅亡了東羅馬帝國，代之而起的是穆斯林大帝國。其關鍵一仗就是君士坦丁堡的陷落。

君士坦丁堡就是現在的伊斯坦堡，原名拜占庭，始建於西元前六五八年。西元三三〇年，羅馬皇帝君士坦丁大帝為了挽救危機之中的帝國，實行了一些改革，並把帝國的首都從羅馬搬到拜占庭，將這座城市易名為君士坦丁堡。該城工商業發達，建築華麗，設防極其堅固，被人稱為「永恆之城」。

一二〇二至一二〇四年，第四次十字軍東征期間，西歐封建主占領了東羅馬帝國的大部分領土及其首都君士坦丁堡，建立起「拉丁帝國」。東羅馬的殘餘勢力退到了小亞細亞，建立了尼西阿斯帝國。一二六一年，尼西阿斯帝國依靠下層人民的力量，趕走了十字軍，收復了君士坦丁堡，恢復了東羅馬帝國。但不久，奧斯曼帝國崛起，不斷進行對外擴張，一步步逼近君士坦丁堡。東羅馬帝國瀕臨瓦解崩潰的境地。

奧斯曼土耳其人與塞爾柱土耳其人同屬於突厥人。他們原先都居住在中亞細亞以游牧為生，奧斯曼和塞爾柱是這兩支突厥人首領的名字。一二世紀，塞爾柱土耳其人在小亞細亞建立了魯姆蘇丹國。奧斯曼土耳其人是在十三世紀上半葉受蒙古人西征的壓迫進入小亞細亞的，以後曾幫助魯姆蘇丹國襲擊蒙古軍隊而獲得一塊封地作為定居地，這塊封地位於塞卡利亞河畔緊靠拜占庭的領土。十三世紀後半葉，奧斯曼土耳其人在奧斯曼的領導下，通過聯姻和政治聯盟等手段逐漸強大起來。到十三世紀末，奧斯曼利用蒙古統治力量漸弱的機會，正式宣布脫離蒙古附庸魯姆蘇丹國而獨立。

一三二六至一三五九年是奧斯曼（Osman I）的兒子烏爾汗（Orhan）統治時期。

這時，土耳其人已建立了有正規步兵和正規騎兵的常務軍，還有由各個部落組成的非正規後備軍。他們乘東羅馬內訌以及與鄰國的矛盾，憑藉強大的武裝力量，奪取了東羅馬在小亞細亞的全部領土。一三五四年，奧斯曼人利用地震造成的災害，越過達達尼爾海峽占領了位於歐洲一側的加里波利半島，使之成為進攻巴爾幹半島的橋頭堡。

一三六一年，奧斯曼土耳其人攻占了亞德里亞堡，改名為埃迪爾內（今土耳其境內），並遷都於此切斷了君士坦丁堡與巴爾幹內地的聯繫。從此，土耳其國家進入了對外擴張的新階段。一三八九年六月，土耳其人與塞爾維亞人、匈牙利人、波士尼亞人、阿爾瓦尼亞人和瓦拉幾亞人組成的聯軍大戰於科索沃原野，巴爾幹聯軍的統帥、塞爾維亞國王拉扎爾（Lazar of Serbia）與土耳其蘇丹穆拉德一世（Murad I）均在這次激戰中陣亡。最後，聯軍戰敗，塞爾維亞的大部分領土被土耳其兼併。這次戰役之後，匈牙利國王西吉斯蒙德（Sigismund of Luxembourg）組織了一次反土耳其人的十字軍，參加十字軍的除匈牙利外，還有捷克、波蘭、法蘭西和德意志諸邦的騎士以及義大利的威尼斯、熱那亞等城市。一三九六年在多瑙河畔的尼科堡，十字軍與土耳其軍發生激戰。西吉斯蒙德的軍隊慘敗，上萬名十字軍被俘，除用鉅款贖回了三百名貴族騎士外，其餘的俘虜幾乎全部被土耳其人所殺。瓦拉幾亞被迫向土耳其稱臣，保加利亞王國被滅。從此，巴爾幹半島絕大部分的國家和地區淪於奧斯曼帝國的統治之下。土耳其人的下一步就是進攻東羅馬的首都君士坦丁堡。

一四五一年二月九日，年僅二十一歲的穆罕默德繼位為奧斯曼帝國的蘇丹，稱為穆罕默德二世。他曾率兵征戰歐洲，熟悉軍事，精通炮兵。一四五二年三月，他令人在君士坦丁堡附近構築要塞，切斷了糧食供給通道。一四五三年四月，穆罕默德二世率大軍開始圍攻君士坦丁堡，兵力有十幾萬陸軍，一百五十艘戰船，還有攻城重炮。

東羅馬皇帝君士坦丁·巴列奧略在大軍壓境時，搶修了城牆，但兵力只有八千多人。

一四五三年四月五日開始，一直到四月十八日，土耳其人攻城未果。穆罕默德買通熱那亞商人，修建了一條通向內港金角的一條木質軌道，板上塗上油脂，將戰船滑進了金角灣，在岸邊築起了炮臺，分別從陸海兩路攻城都未成功。從五月二十六日至二十八日，土耳其人連轟三天城牆，炸開了一個缺口後摧毀了四座堡壘。

五月二十八日這天，君士坦丁皇帝參加完基督教祭典，告別大主教，緊鎖城門，決心與將士誓死守城。

二十九日凌晨，土耳其總攻打響，土軍兵分兩路進攻。主攻是西線，左路五萬人，右路十萬人，穆罕默德二世親率一點二萬名御林軍坐鎮中路。土軍一連兩次衝鋒都被喬瓦尼・朱斯蒂尼亞尼（Giovanni Giustiniani）率兵打退。土軍又組織了第三次衝鋒，雙方開始了激烈的肉搏戰，戰鬥達到了白熱化程度。這時，一顆飛彈擊中了朱斯蒂尼亞尼，他血流如注，傷勢極為嚴重。君士坦丁皇帝只得下令將朱斯蒂尼亞尼抬下去醫治。主將撤離火線，引起東羅馬守軍一片混亂。這些情況被穆罕默德二世看得一清二楚，他隨即組織新的攻勢。君士坦丁堡彈盡糧絕，又無後援，終於被土軍攻陷。君士坦丁皇帝在混戰中戰死。

土耳其人進城後，對城市進行了三天三夜的洗劫。城破後被土耳其人擄走和賣為奴隸的市民達六萬人。土耳其士兵們都發了財。

被稱為「永恆之城」的君士坦丁堡的陷落，標誌著延續一千多年的東羅馬帝國滅亡了。奧斯曼土耳其把君士坦丁堡作為首都，改稱伊斯坦堡（意即伊斯蘭教的城市），聖索菲亞教堂被改為清真寺。一四六一年，東羅馬的其他殘餘領土也被土耳其占領。

土耳其在攻陷君士坦丁堡後，繼續向外擴張，又先後征服了西亞、北非的廣大地區。到十六世紀中葉，奧斯曼土耳其帝國成了一個空前龐大的橫跨歐、亞、非三大洲的大帝國。

玫瑰戰爭

玫瑰戰爭

時間　西元一四五五年至一四八五年
參戰方　蘭開斯特家族與約克家族
主戰場　北安普頓、陶頓
主要將帥　沃里克伯爵（Richard Neville）、亨利六世（Henry VI）

在英法百年戰爭期間，英國的封建貴族都建有自己的武裝力量。英國在百年戰爭中的失敗，使封建貴族因此而失去了靠掠奪法國而獲得的財富。為彌補損失，英國封建貴族就依靠這種私人武裝力量在國內肆意搶劫、為所欲為，最後發展到干預朝政，圖謀侵吞國庫財富和獨占經濟特權。英國的封建貴族分成兩個集團，分別參加到金雀花王朝後裔的兩個王室家族內部的鬥爭。戰爭雙方是蘭開斯特家族與約克家族。蘭開斯特家族以紅玫瑰為族徽，約克家族以白玫瑰為族徽。所以這次戰爭被稱為「玫瑰戰爭」或「紅白玫瑰戰爭」。

約克家族代表在英法百年戰爭中興起的中小貴族的利益，而蘭開斯特家族代表傳統的大封建貴族的利益。他們之間的權利之爭，實際是新興的市民階層向傳統貴族索要權力的鬥爭。一四五五年，英國國王亨利六世患病，約克家族的理查公爵(Richard of York, 3rd Duke of York)強迫亨利六世宣布自己為攝政王。蘭開斯特家族對此不能容忍，他們依靠西北部大封建主的支持，廢除了攝政，雙方的長期混戰從此開始。亨利六世下令在萊斯特召開諮議會，理查公爵以自己赴會安全無保證為理由，率領他的內姪、驍勇善戰的沃里克伯爵及數千名軍隊隨同前往。亨利六世在王后瑪格麗特（Margaret of Anjou）和朝中重臣的支持下，也率領一小支武裝赴會。五月二十二日，雙方在聖奧爾本斯鎮附近相遇。理查公爵下令向搶先占據小鎮的亨利六世軍隊發起進攻。經數次衝鋒，亨利六世的軍隊招架不住，吃了敗仗，死亡約一百人，亨利六世也中箭負傷，藏在一個皮匠家中，戰鬥結束後被搜出抓獲。

一四六〇年七月十日，雙方在北安普頓發生第二次戰鬥。戰鬥中又是沃里克伯爵率軍打敗了蘭開斯特軍隊，隨軍的亨利六世再次被抓住。沃里克下令處死戰敗的貴族和騎士。這兩次勝利沖昏了約克公爵理查的頭腦，他未與親信貴族磋商就提出了繼承王位要求，遭到多數貴族的反對。約克公爵只好讓步，但他卻迫使亨利六世宣布他為攝政和王位繼承人，這就意味著亨利六世的幼子失去了王位繼承權。王后瑪格麗特聞訊大怒，她從北蘇格蘭借到一支人馬，集合了追隨蘭開斯特家族的軍隊，騷擾約克公爵的領地。約克公爵匆忙湊合一支幾百人的隊伍前去征剿，由於輕敵冒進，被包圍在奧克菲爾德城。約克公爵連忙派人向各地求援，蘭開斯特軍隊則乘機裝扮成援軍分兩批混入城內。一二月三十日，在內外夾攻下的約克軍四散逃跑，約克公爵及其次子愛德蒙被殺死，約克公爵的首級還被懸掛在約克城上示眾，並扣上紙糊的王冠，用以譏諷。

約克公爵的死雖然使蘭開斯特派的士氣為之一振，但由於北蘇格蘭軍隊的紀律很差，像土匪一樣到處劫掠，所以引起英國人民的強烈不滿。瑪格麗特不得不在南下倫敦的途中停下來整頓軍紀。約克派乘機招聚部眾，揮師疾進。約克公爵十九歲的長子愛德華（Edward IV）於一四六一年二月二十六日搶先進入倫敦。三月四日，他在沃里克伯爵和倫敦上層市民的支持下自立為王，稱愛德華四世。他知道瑪格麗特絕不肯甘休，遂在一些大城市召集到一支部隊，向北進發去打瑪格麗特。一四六一年三月二十九日，雙方在約克城附近展開決戰。

開戰後，艾爾河畔的愛德華四世的軍隊在付出重大代價後奪取了艾爾河上的一座棧橋。全軍迅速過橋直達對岸的陶頓，選擇了一處有利的地形紮下營寨。二十九日清晨，決戰打響。蘭開斯特軍隊有二點二萬餘人，不僅遠遠多於約克軍；而且占據了居高臨下的有利地形，他們的右側還有水流湍急的科克河作為屏障。愛德華四世不等約克軍隊全部到齊，率先發動進攻。戰鬥在暴風雪中進行。當時蘭開斯特軍隊處於逆風之中，撲面的風雪打得他們睜不開眼睛，射出的箭也發揮不出威力。而約克軍隊則借強勁的風力增加了發射弓箭的射程，並蜂擁衝上山坡使蘭開斯特軍隊損失嚴重。

蘭開斯特軍隊為扭轉被動的防守局面，向山下的敵人發動反攻。在戰鬥中，沃里克跳下戰馬，將戰馬殺死。這是為了向他的士兵表明，他已經下了破釜沉舟的決心，以此激勵士氣。雙方一直激戰到傍晚，仍然難分勝負。這時，約克軍隊的後續部隊趕到，向蘭開斯特軍隊的一側發動進攻。蘭開斯特軍隊抵擋不住被迫撤退，撤退又迅速變成了潰退。

原來可以護衛蘭開斯特軍隊的科克河此時卻變成了他們潰逃的障礙，他們便向通往塔得卡斯特的橋梁擁去。橋被擠得水泄不通，成千上萬名身穿鎧甲的官兵跳入水流湍急的河中，淹死者的屍體堆成一座座棧橋，後面的士兵就從這些「橋」上過河逃命。約克軍隊一直追殺到深夜。瑪格麗特帶著亨利六世和少數隨從倉皇逃亡蘇格蘭。陶頓之戰使愛德華四世的王位暫時得以鞏固。一四六五年，沃里克伯爵再次俘獲亨利六世並把他囚禁在倫敦塔中，瑪格麗特只好攜幼子逃往法國。

玫瑰戰爭中這幾次大戰役，都使用當時特有的戰法，即雙方騎士乘馬或徒步進行單個分散的搏鬥。通過交戰，雙方共損失五點五萬餘人，半數貴族和全部封建諸侯幾乎都死掉了。

戰爭的第二階段是由約克派內部矛盾激化引起的。這集中表現在愛德華四世和沃里克伯爵的鬥爭上。從一四五五年到一四六五年這十年中，沃里克及其親友把持朝政，他被稱為「立王者」。但愛德華四世不甘心像亨利六世一樣成為大貴族的傀儡，便提拔任用一些新貴族和上層市民，得到他們的支持。一四六九年夏，雙方矛盾進一步激化，沃里克伯爵和克拉倫斯公爵（Dukes of Clarence）在北方起事。七月二十六日，他們在埃季科特擊敗保王派。但後來愛德華四世趁沃里克不在倫敦之際，召集一支部隊離開倫敦北行。他一面鎮壓北方叛亂，一面迅速擴軍。半年之後，沃里克在愛德華的大軍面前不得不逃亡，投靠法王路易十一（Louis XI）。不久，沃里克在路易十一的支持下打回英國。這回輪到愛德華四世逃亡，他逃到尼德蘭，依附於他的妹夫

勃艮第公爵查理 (charles le téméraire)。

愛德華四世不甘心失敗，處心積慮地要恢復王位。一四七一年三月十二日，愛德華四世利用英國人對沃里克普遍反感的情緒，率兩千名軍隊在英國登陸。他的隊伍迅速壯大，一路勢如破竹。四月十二日清晨，愛德華四世回到了倫敦。四月十四日，愛德華四世與沃里克在倫敦以北的巴尼特決戰。愛德華四世共有九千人的軍隊，而沃里克卻有二萬人的軍隊。由於力量懸殊，愛德華四世決定先發制人。清晨四時許，他率軍在濃霧中發起攻擊。沃里克部隊在濃霧中竟把自己的部隊當作敵軍而發生誤戰，因自相殘殺而大傷元氣，終於在愛德華四世軍隊的奮勇衝擊下潰敗。沃里克本人被殺，其部下戰死者達上千人。接著在五月四日，愛德華四世又俘獲了從南部港口韋茅斯偷偷登陸的瑪格麗特王后和她的獨生幼子，許多蘭開斯特貴族殺死。五月二十一日，愛德華四世回到倫敦，祕密處死了被囚禁的亨利六世。至此，蘭開斯特家族被誅殺殆盡，只有遠親里奇蒙伯爵亨利・都鐸流亡法國，他聲稱自己是蘭開斯特家族事業的繼承人。

一四七一至一四八三年，英國國內恢復了和平，愛德華四世殘暴地懲治了不順從的大貴族。一四八三年四月愛德華四世死後，王位傳給了他的幼子，稱愛德華五世

（Edward V），並由他的叔父理查攝政。不久，理查把愛德華五世和他的弟弟一同囚禁在倫敦塔中，旋即祕密處死。七月六日，理查登上了王位，稱理查三世（Richard III）。他也同樣使用殘酷和恐怖的手段處決不馴服的大貴族，沒收其領地以鞏固自己的統治。他的所作所為，反而促使蘭開斯特和約克家族都聯合在蘭開斯特家族的亨利・都鐸來反對他。一四八五年八月二十二日，理查強徵一萬人的軍隊，同亨利・都鐸的五千名軍隊激戰於英格蘭中部的博斯沃思。戰鬥的緊要關頭，理查軍中的史坦利爵士率部三千人公開倒戈，約克軍遂告瓦解。理查三世戰死，從而結束了約克家族的統治。亨利・都鐸結束了玫瑰戰爭，登上了英國王位，稱亨利七世（Henry VII）。他同愛德華四世的長女伊莉莎白（Elizabeth of York）（約克家族的繼承人）結婚後，將原兩大家族合為一個家族，玫瑰成了這個家族的統一族徽。這大約是英國把玫瑰奉為國花的一個原因吧。

玫瑰戰爭雖然是封建主集團之間的混戰，但它對英國政治的發展具有重要意義。經過這次戰爭，英國舊的封建貴族互相殘殺殆盡。在每一次戰役之後，獲勝者都匆忙處死戰敗者，並奪取他們的領地和財產，新貴族在戰爭中發展起來。這使得封建關係削弱，而資本主義關係得到加強。新的都鐸王朝在新貴族和市民支持下得到鞏固。這自然也加速了國家的形成。各地區的經濟聯繫隨著政治統一而得到進一步加強；同時在倫敦方言的基礎上，逐漸形成了共同的民族語言——英語。

義大利戰爭

義大利戰爭

時間　西元一四九四年至一五五九年
參戰方　法國、西班牙和「神聖羅馬帝國」
主戰場　義大利
主要將帥　查理八世（Charles VIII）、法蘭西斯一世

義大利戰爭是中世紀歐洲強國法國和西班牙為爭奪對亞平寧半島的霸權而在義大利領土上進行的長達半個多世紀的戰爭。

一四九四年一月，拿坡里國王斐迪南一世（Ferdinand I）去世，法國國王查理八世宣稱：自己作為安茹王朝（屬法蘭西王朝的旁系）的繼承人有權占有斐迪南一世的領地。八月，查理八世率兵三點七萬人（其中包括瑞士僱傭兵），野炮一百三十六門，越過阿爾卑斯山脈向拿坡里開進，標誌著義大利戰爭的開始。從一四九四年到

義大利戰爭

一五五九年，義大利戰爭分為三個時期。

第一時期：一四九四至一五〇四年。這一時期的核心是法國爭奪拿坡里王國。在義大利親法貴族的配合下，查理八世的軍隊穿越羅馬全境，經過米蘭公國和教宗國直逼拿坡里。一四九五年一月，查理八世接受羅馬教宗任命他為拿坡里國王的授職書後，便於二月二十三日開進拿坡里城，亞拉岡王朝國王弗蘭第諾驚慌出逃。查理八世自稱是「法蘭西、拿坡里和君士坦丁堡的國王」。

義大利各國首領害怕法國勢力的加強和發生全民起義，於是在一四九五年三月建立「神聖同盟」（也稱「威尼斯同盟」）以圖驅逐法軍。參加同盟的有威尼斯、米蘭公爵和羅馬教宗亞歷山大六世（Pope Alexander VI）。「神聖羅馬帝國」（德意志）皇帝馬克西米利安一世（Maximilian I）和西班牙國王斐迪南二世（Ferdinand II of Aragon）也加入同盟。查理八世急忙從拿坡里北上，一四九五年七月六日在福爾諾沃遭「神聖同盟」軍隊包圍。法軍戰敗。一四九六年十二月，法國撤出拿坡里，但軍隊主力得以保存。查理八世的繼承者路易十二（Louis XII）不甘心法國退出義大利，於一四九九年遠征米蘭公國。在一四九九至一五〇〇年幾次交戰中，法國先後獲勝，相繼占領米蘭和倫巴第。一五〇〇年，法、西兩國勾結占領了拿坡里，推翻了亞拉岡王朝，法、西兩國軍隊共同占領拿坡里。但一五〇三年春，法、西兩國因分贓不均爆發戰爭。一五〇三年一二月二十九日的加里利亞諾河畔一戰，西軍獲勝，法軍被迫放棄拿坡里王國，使其淪為西班牙領地。

第二時期：一五〇九至一五一五年。這一時期從「康布雷同盟」對威尼斯共和國發動戰爭開始。一五〇八年十二月，由於威尼斯共和國借驅逐法國之機大肆擴張領土，所有反威尼斯的勢力聯合起來建立了「康布雷同盟」（成員包括西班牙、法國、羅馬教宗、「神聖羅馬帝國」），共同對威尼斯作戰。佛羅倫斯、費拉拉、曼圖亞及其他義大利國家也先後加入該同盟。一五〇九年四月，羅馬教宗禁止威尼斯做禮拜和舉行宗教儀式。同年春，法國出兵威尼斯，占領它在倫巴第的領地，五月一四日在阿尼亞代洛一戰，擊敗威尼斯軍隊，取得重大勝利。一五一一年十月，威尼斯、羅馬教宗、西班牙、英國和瑞士組成「神聖同盟」，共同對法作戰。一五一二年，法軍以二點五萬人、火炮五十門的兵力在拉文納擊潰由一點六萬人、二十四門火炮組成的西班牙軍隊。但是，「神聖羅馬帝國」皇帝從法軍召回德國僱傭兵、瑞士僱傭兵投向威尼斯，法軍被迫退卻，並於一五一二年底放棄倫巴第。

法蘭西斯一世繼位後於一五一五年九月又奪走米蘭公國。一五一六年八月，法、西兩國簽訂《努瓦永和約》，把米蘭和拿坡里分別劃歸法國和西班牙。教宗也於一五一六年底同法蘭西斯一世簽訂教務專約，承認法對米蘭、帕爾馬、皮亞琴察的占領。一五一七年，法、西和「神聖羅馬帝國」締結《康布雷條約》，肯定了法國在義大利的既得利益和優勢地位。然而，戰爭不會就此結束。

第三時期：一五二一至一五五九年。這一時期以一五一九年西班牙國王查理一世當選為「神聖羅馬帝國」皇帝（即查理五世）後，法、西瓜分義大利的戰爭為標誌。一五二一年戰爭爆發，一五二二年法軍在比科卡戰中失利，德國僱傭軍打敗了擔任法軍突擊力量的瑞士僱傭軍。一五二五年二月的帕維亞一戰，法軍慘敗，法皇被俘。一五二七年，戰爭再度爆發，雙方各有勝負。一五二九年，法國在不利形勢面前被迫與查理五世（Karl V）簽訂和約並放棄對義大利的主權要求。七年過後，法蘭西斯一世再次挑起戰爭，占領了皮埃蒙特和薩伏依。一五三八年，法國和「神聖羅馬帝國」簽訂為期十年的停戰協定。法國使者在米蘭被殺一事引起了一五四二至一五四四年的戰爭，法國同丹麥、瑞典、奧斯曼帝國結盟，查理五世與英國結盟。法軍先後占領威尼斯和馬里尼亞諾，但查理五世卻攻入法國境內。雙方於一五四四年簽訂《克雷普和約》。一五五一年再度爆發義大利戰爭。交戰雙方互有勝負，誰也不占明顯優勢。

一五五九年四月，法、西締結《卡托—康布雷西和約》，正式結束了法國對義大利的爭奪，西班牙在米蘭公國、拿坡里王國、西西里和撒丁的統治得以鞏固，義大利的分裂局面依然繼續。

根據和約，義大利大部分領土併入哈布斯堡王朝，義大利仍然保持政治分裂的局面。在這場戰爭中，義大利被蹂躪，其政治局勢更加混亂，經濟益加蕭條，而且喪失了文藝復興的領導地位，結束了它的「黃金時代」。法國則因此勞民傷財，國內局勢趨於動盪。

伊土戰爭

伊土戰爭

時間　西元一五一三年至一六三九年
參戰方　伊朗與奧斯曼帝國
主戰場　格魯吉亞等地
主要將帥　阿拔斯一世（Abbas the Great）

伊土戰爭是奉遜尼派為國教的土耳其奧斯曼帝國同以什葉派為國教的伊朗薩菲王朝為爭奪阿拉伯伊拉克、庫爾德斯坦和外高加索，控制歐亞兩洲間重要戰略和貿易交通線而進行的掠奪性戰爭。

一五一三年，土耳其蘇丹塞利姆一世（Selim I）殘酷鎮壓了什葉派教徒的叛亂，屠殺五萬之眾，並乘機對伊朗的薩菲王朝發動了戰爭。

伊土戰爭共分三個時期。第一時期從一五一四至一五五五年。一五一四年八月二三日，奧斯曼軍隊在查爾迪蘭（南阿塞拜疆）與八萬波斯騎兵展開決戰。土耳其部隊占領了伊朗首都大不里士，一五一五年科奇希薩爾一戰，伊朗軍隊再次敗北。到一五一六年，塞利姆已占領了西亞美尼亞、庫爾德斯坦和包括摩蘇爾在內的北美索不達米亞。一五一六年至一五一七年，土耳其又占領了敘利亞、黎巴嫩、巴勒斯坦、埃及、希賈茲和阿爾及利亞部分領土。一五三三年，蘇萊曼一世（Suleiman I）在同奧地利簽訂和約使其北翼安全得到保障之後又對伊朗開戰。一五三六年，土耳其占領了格魯吉亞西南的部分領土。一五五五年五月，兩國在阿馬西亞城締結和約，伊朗保有所占外高加索領土，土耳其則把阿拉伯伊拉克併入自己的版圖。兩國平分了格魯吉亞和亞美尼亞，確認卡爾斯城區為中立區。

伊土戰爭第二時期從一五七八年起，延續近半個世紀。土耳其乘伊朗薩菲王朝發生內部爭鬥之機再次進攻伊朗。一五七八年，土軍撕毀一五五五年和約，修復卡爾斯城，開進外高加索境內，並占領南格魯吉亞的部分土地。八月十日，伊朗沙赫軍隊在徹爾德爾附近被擊潰，土軍侵入東格魯吉亞和東亞美尼亞，爾後進入北阿塞拜疆並占領希爾萬。一五七九年起，土軍同克里木可汗軍隊（十萬人）聯合作戰，奪取整個阿塞拜疆和伊朗西部地區。但是在阿拔斯一世在位期間（一五八七年至一六二九年），

伊土戰爭

伊朗東山再起，不僅收復了被土耳其侵占的西部領土，而且吞併了一些新的領土如阿富汗等。由於忙於對烏茲別克封建主進行戰爭和鎮壓國內民眾起義，阿拔斯一世被迫於一五九〇年三月同奧斯曼土耳其帝國簽訂了屈辱性的《伊斯坦堡和約》。

十六、十七世紀之交，阿拔斯一世進行了軍事改革，組建了一支由火槍兵軍（一點二萬人）和騎兵軍（一萬人）組成的常備軍，成立炮兵教練場和炮兵部隊。改革後的伊朗軍隊兵力達十二萬人，其中常備軍四點四萬人，封建民軍七點五萬人。大力擴軍之後，阿拔斯一世的軍隊達到三十萬人。一六〇二年，阿拔斯一反一個世紀以來的被動防禦地位，第一次主動對土耳其發動了戰爭，由於軍隊體制沒有作出相應改革，土耳其面對伊朗的攻勢有些力不能支。一六〇三至一六〇四年，伊軍在蘇菲安附近的數次交戰中打敗了土軍，攻占並洗劫了大不里士、納希契凡等城市，把三十餘萬亞美尼亞人遷往伊朗境內。一六〇二至一六一二年的十年戰爭，伊朗大獲全勝，一六一三年十一月簽訂的《伊斯坦堡和約》肯定了伊朗的全部戰果。

土耳其對該條約心懷不滿，遂於一六一六年對伊朗採取報復行動，但在三年的戰爭中再遭敗績，一六一八年的《薩拉卜和約》重申了《伊斯坦堡和約》的內容。伊朗乘戰爭獲勝之機大大擴展了自己的領土，遂準備進行新的戰爭。

蘇丹穆斯塔法四世（Mustafa IV）在位期間（一六二三年至一六四〇年），鑒於土耳其對歐洲的征戰屢遭挫折，因而致力於征服東方。一六二五年，土耳其占領了阿哈爾齊赫，從伊朗手中奪得了薩姆茨赫－薩塔巴戈公國，並將它變為自己的一個省，土軍還進犯了亞美尼亞和阿塞拜疆，占領了北美索不達米亞和摩蘇爾，但圍攻巴格達九個月未能成功，一六三〇年，土軍轉戰外高加索和伊朗西部，洗劫哈馬丹城，全城居民均遭屠殺。一六三九年五月，伊土簽訂《席林堡（佐哈布）條約》。伊土邊界保持現狀，但阿拉伯伊拉克劃歸土耳其。

伊土戰爭第三時期始於十八世紀初，土耳其蘇丹艾哈邁德（Ahmed I）又對伊朗發動戰爭。一七二三年春，土軍乘薩菲王朝崩潰之機侵入外高加索，相繼占領第比利斯、整個東格魯吉亞、東亞美尼亞和阿塞拜疆。同時，土軍還征服了伊朗西部的盧里斯坦省。

土耳其強占大片領土後仍感不足，於是又在一七二五年進軍伊朗東部並攻占加茲溫。一七三〇年，伊朗的實權人物納迪爾沙（Nader Shah）率軍打敗土軍的進攻，並將其驅逐出哈馬丹、克爾曼沙阿和南阿塞拜疆。太美斯普二世親征土耳其，但在一七三一年的哈馬丹城下一戰被土軍擊敗，一七三二年，他被迫與土耳其簽訂和約，

伊土戰爭

承認土侵占的阿拉斯河以北外高加索永久歸屬土耳其。一七三六年，納迪爾沙即伊朗沙赫王位。納迪爾為奪回土耳其控制的阿拉伯伊拉克和外高加索，於一七四三年對土再次發動戰爭。三年的伊土戰爭未分勝負。

伊土戰爭導致無辜百姓大批死亡，嚴重阻礙了伊土兩國社會經濟的發展，加速了一些由許多民族和部落鬆散地拼湊而成的封建國家的崩潰。伊朗和土耳其不僅在該戰爭中均未獲勝，國力反而大為削弱，逐漸成為正把魔爪伸向中東的西方列強的侵略目標。

宗教問題依舊沒有解決，後來又發生了兩伊戰爭。

德意志農民戰爭

德意志農民戰爭

時間　西元一五二四年至一五二六年
參戰方　德國農民與封建主
主戰場　士瓦本、法蘭克尼亞、圖林根
主要將帥　漢斯・彌勒、特魯赫澤斯

德國在十六世紀初期是一個封建割據的國家。名義上全國是統一的，叫做「德意志民族神聖羅馬帝國」，由一個皇帝管轄，皇帝享有最高的權力。實際上皇帝只是一個傀儡，根本不能過問各地的事情。全德國分別由許多大小封建主統治著，他們是：七個選侯（有權選舉皇帝的諸侯）、十幾個大諸侯、二百多個小諸侯和上千個帝國騎士。在他們管轄的區域內，有自己的軍隊和員警，設置監獄和法院，像一個個獨立的王國。

這些各霸一方的封建主，仗著自己的權勢，橫行霸道。他們強占了全國絕大部分的土地，不斷增加地租；任意設立關卡，徵收高額的賦稅；隨便鑄造劣質貨幣，騙取金銀。有時他們相互混戰，或是公開行搶劫，擄掠民財。

由於封建割據，當時德國流通的貨幣就有上千種。從美因茲到科布倫次一共不到兩百公里，沿途的稅卡就有十三處之多。人民既要交納皇帝的帝國稅，負擔皇帝軍隊的費用和官員的開支；又要交納本地諸侯的本邦稅，負擔諸侯軍隊的費用和官員的開支。平時既要遭受官吏和軍隊的掠奪，戰時又要承受封建主混戰所帶來的破壞和災禍。農民、手工業者和商人都被逼得難以生活下去，其中以農民的受害為最深，負擔也最重。

德國當時總人口是一千五百萬，其中農民占百分之八十到百分之八十五。

在十五世紀以前，農民交租服役還比較固定。因為那時德國地區與地區之間的聯繫也很少，封建主的活動範圍限制在自己的莊園裡，他們的揮霍和享受有一定限度。但是，到了十五、十六世紀，情況就發生了變化。這時候，德國的農業、手工業和商業都有很大發展，資本主義的生產開始出現。各個地區之間以及德國同別的國家之間的聯繫密切起來了。世界各地的商品開始運到德國來。在德國市場上，不僅可以買到各式漂亮的呢絨、天鵝絨、法蘭絨、混紡絨等，還可以買到漂亮的玻璃器皿，法國的香檳酒，中國的絲綢和瓷器，印度和摩鹿加群島的香料……

面對著越來越多的新奇商品，封建主眼花繚亂，享受的欲望增強了。他們對原來的莊園生活感到枯燥無味，希望得到更多的錢，滿足更高的享受。

於是封建主不斷增加地租，租額高達農民收穫量的百分之四十。他們還巧立名目，徵收各式各樣的捐稅。

城市手工業和商業的發展，需要大量的糧食，也需要大量的亞麻、大麻、羊毛以及其他手工業原料。種植這些作物和培育羊群就成為最有利可圖的事情。因此，封建主霸占了農民的公用地，縮短了農民租種土地的年限，擴大自己經營的土地面積，用來放牧羊群，或種植糧食和經濟作物。封建主使用的全部勞動力是農民的無償勞動。

封建主為了進一步支配農民的勞動力和財產，在增加租稅和徭役的同時，強迫農民固定在租地上，要使他們重新變成農奴。農民一旦變成農奴，封建主就更可以任意侵占他們的財產，任意支配他們的勞動力，任意污辱他們的妻女。

農民第二次變成農奴的現象，在當時德國非常流行，成為德國農民的一個大災難。擺脫農奴身分成了起義者最普遍的要求。

農民除了受皇帝和封建貴族的壓榨外，還要受天主教會的剝削和壓迫。教會搜刮人民的方式，除了同世俗封建主一樣，增加地租，增加徭役，侵占公地外，他們還有自己的一套，即利用宗教欺騙和宗教迷信。例如，不斷擴大什一稅的範圍，由原來的穀物擴大到蔬菜、牲畜、葡萄酒、牧草、開墾等，都收什一稅。教會派出成千上萬的僧侶，到德國各地遊逛，兜售赦罪符、假聖骨（偽造的耶穌及其他聖者的屍骨），兜售各種奇珍異物（偽造的基督誕生在上面的草褥、天使翅膀的羽毛）等等。公開出賣宗教官職，組織超度禮拜場……總之，想方設法，刻意敲詐民財。結果，貧窮的農民因感到今世的疾苦，只好把希望寄託於來世，為了求得死後升入天堂，被迫交出身上的最後一文錢，拿出家中的最後一顆糧。

此外還有第三種剝削者——商業和高利貸資本家。日趨破產的農民為了交稅出賣穀物和牲畜的時候，商人賤買貴賣從中剝削。當農民急需金錢，又沒有東西出賣的時候被迫高利借債，他們又陷入了高利貸的羅網。據統計，當時農民的平均負債額達到農民動產和不動產價值的百分之五十到百分之六十，大部分農民債務累累，瀕於破產。

破產的農民實在沒有什麼可賣的了，只有出賣自己的勞動力，工人的主要來源就是這些破產農民。

德國統治者對待農民是極為殘酷的，農民稍有反抗，就要遭到酷刑：割耳、割鼻、挖眼、斷指、斷手、斬首、車裂、火焚、夾火鉗、四馬分屍等等。

在一四七六年，巴伐利亞的維爾茨堡地區，有位牧人兼吹鼓手漢斯向農民說：「按照聖母的指示，世界上的一切人都是手足兄弟，不應該有什麼富人和窮人，人人都應該靠自己的雙手勞動維持生活。必須沒收領主和僧侶的土地，分配給農民。」他的宣傳深得人心，吸引了德國南部廣大群眾。數萬農民響應他的號召，拿起武器，準備起義。但是當地主教哄回農民，燒死了漢斯。

在一四九一至一四九二年之間，中部的薩克森地區，西南部的士瓦本地區接連爆發了農民起義。

一四九三年，西南部亞爾薩斯地區的農民和城市平民，組織了祕密同盟。在旗上畫了一隻農民的鞋子，表示和穿長靴的貴族對抗，同盟因此得名「鞋會」。鞋會提出了取消債務、取消封建賦稅和取消教會法庭等要求。正當密謀起義的時候，因叛徒洩露了計畫而事情敗露。一部分人被逮捕，遭到斷手或砍頭。大部分人則逃往鄰近的巴登、士瓦本、瑞士等地區繼續組織起義。

一五〇二年，鞋會在巴登北部地方重新組織起義，有七千人參加。他們的鬥爭綱領有了發展，要求取消一切捐稅，廢除農奴制，沒收教會財產，分給人民，不承認皇帝以外的任何君主。當他們計畫進攻布魯赫薩爾的時候，有一個起義者把計畫告訴了懺悔牧師。這個牧師向政府告發，起義遭到鎮壓。

一五一七年，教宗藉口修繕羅馬聖彼得大教堂，又發售赦罪符。教宗特使特茲爾負責在德國推銷。他規定殺人犯、搶劫犯、謀殺父兄犯都可以購買赦罪符。他宣布說：只要購買赦罪符的錢幣投進他的箱子，「鐺啷」一聲響，罪人的靈魂就可以升入天堂。

教會這種公開掠奪，激起了德國各階層人民的普遍憤慨。威登堡大學的神學教授馬丁・路德（Martin Luther）在一五一七年十月三十一日發表了他的《九十五條論綱》，嚴正駁斥這種欺騙罪行。《論綱》的主要內容有：基督徒的懺悔和認罪不應當成為滿足僧侶私欲的手段；基督徒只要真誠懺悔，不購買赦罪符也可以免罪；基督徒除非有多餘的錢，否則不應該將錢財浪費在赦罪符上。

《論綱》的發表，震動了全國，整個德意志民族都投入了起義運動，紛紛起來揭露教會利用神的名義所進行的欺騙勒索。

閔采爾（Thomas Müntzer）（一四九〇年至一五二五年）出身於農家。父親死在伯爵的斷頭臺上。他十五歲在中學讀書的時候，就組織祕密團體反對天主教會。萊比錫大學一五〇六年學生名冊上有閔采爾之名；一五一二年入奧德河畔法蘭克福大學，後在該校獲文學碩士和神學學士學位。一五一八年認識馬丁・路德，成為他的擁護者。一五二〇年擔任茲維考城的牧師。茲維考是德國銀礦業和紡織業的中心之一，閔采爾到茲維考以後，受到礦工和紡織工的革命影響。他積極參加再洗禮派的活動，和他們一起組織起義。一五二一年，他被迫離開茲維考。幾經周折到繆爾豪森組織勞動人民，成立「上帝永約會」。他創建了吸收革命的農民、礦工和城市平民的盟會，把被壓迫階級組織起來，共同進行鬥爭。

從一五一八至一五二三年，每一年都有農民起義發生。到一五二四年，起義更是頻繁，聲勢也更為浩大。各地的農民起義，匯合在幾個主要地區：士瓦本、法蘭克尼亞、圖林根和薩克森。

一五二四年六月十四日，士瓦本的圖林根伯爵領地的農民，拒絕納稅服役，組織了武裝起義。鄰近的農民和平民紛紛響應，其中不少是閔采爾的門徒。他們公推當過僱傭兵、富有戰鬥經驗的農民漢斯・彌勒做首領。農民長期積聚起來的力量，這時已

德意志農民戰爭

銳不可擋，德意志農民戰爭打響了。

彌勒首先占領圖林根城堡，接著率領起義隊伍攻占鄰近的瓦爾茨胡特市。他立即聯合市民，成立了「新教兄弟會」，作為起義的領導核心。兄弟會的宗旨是「消除封建統治，破壞所有城堡寺院，消滅除皇帝一人之外的一切統治者」。會旗是象徵德意志統一的黑紅黃三色旗。到一五二四年底，彌勒領導的軍隊發展到三千五百人。

一五二五年二月，起義隊伍密布整個士瓦本地區。起義人數達四十五萬人，組成六支農民軍：黑森—赫部農民軍，由彌勒領導，有三千五百人，根據地在埃瓦廷根；巴伊特林根農民軍，領導人是烏爾利希・施米特，有一萬到一點二萬人，根據地在巴伊特林根；博登湖農民軍，由艾特爾・漢斯領導，指揮部在伯馬廷根；上阿爾部農民軍，有七千人，起義中心在肯普騰；下阿爾部農民軍，有七千人，起義中心在烏爾察赫；來普海姆農民軍，領導人是烏爾利希・雪恩，有一萬五千人，起義中心在來普海姆。

這時候，貴族的士瓦本同盟，委派特魯赫澤斯公爵負責鎮壓起義。特魯赫澤斯是個老奸巨猾的傢伙，他假意同農民軍協議停戰，商定在一五二五年四月二日談判解決農民的要求。

為了準備談判，三月六日至七日，六支農民軍的領導人在梅明根集會，草擬農民的要求《十二條款》。主要內容有：廢除什一稅，農民自己選舉本區的牧師；解除農奴對主人的人身依附關係；封建主侵占的草地、森林和牧場歸還農民；減輕租稅和徭役等等。

正當農民軍嚴格遵守停戰協定，等待四月二日的談判時，剛拼湊起一支軍隊的貴族立刻扯下了假面具，宣稱「決心依靠武器和上帝的幫助來對付農民無法無天的舉動」。特魯赫澤斯率領一萬僱傭軍向農民軍進攻。消息傳來，人民氣憤萬分，全德意志有三分之二地區的農民舉行起義。

但是，各地起義的農民，相互之間缺乏聯繫，都是孤軍奮戰。特魯赫澤斯利用農民軍的這些弱點，於三月末集中兵力進攻鬥爭最堅決的巴伊特林根農民軍。巴伊特林根農民軍繞過沼澤進入森林，使得那些用騎兵和大炮作主力的特魯赫澤斯軍隊束手無策。

特魯赫澤斯立即轉攻來普海姆農民軍，並於四月四日進攻農民軍的主力，農民軍的領導人雪恩和韋埃被俘。這時候，特魯赫澤斯的領地瓦伊德堡被巴伊特林根農民軍圍困。特魯赫澤斯在四月十一日和十二日集中全力進攻巴伊特林根農民軍。但是，休整後的巴伊特林根農民軍聯合博登湖農民軍一致對敵。四月一五日在加斯伯倫一役，打敗了特魯赫澤斯，開始轉敗為勝。

農民認為自己的利益有了保障，參加起義的目的達到了。他們害怕戰爭持久下去有些厭戰，希望早日回鄉重整家業過太平日子。農民為了狹隘的利益竟同意特魯赫澤斯的要求，在四月十七日簽訂了協定。結果，農民輕易地讓特魯赫澤斯逃出農民軍的重圍，這好比放虎歸山禍患無窮。

逃脫士瓦本農民軍圍困的特魯赫澤斯立刻向北進軍，前往鎮壓力量較弱的法蘭克尼亞地區的起義。到一五二五年七月，特魯赫澤斯的力量擴大以後，又調轉頭來鎮壓了士瓦本的農民軍。

法蘭克尼亞在士瓦本北部，包括萊茵河支流緬因河和尼喀河流域的廣大地區。這裡的農民早在一五二五年三月下旬就陸續舉行起義。到四月初，起義烽火遍及全區。起義農民占領了幾百個城堡，組成了許多支農民軍。其中，最大的一支是華美農民軍，意思是服裝整齊、器械完備的隊伍。

華美軍由雪恩塔爾城附近的起義隊伍組成，有八千人，三千支槍和不少大炮，領導人是希普勒、羅爾巴赫和蓋爾等人。

他們首先活捉了當地政府的長官黑爾芬施太因伯爵。

特魯赫澤斯在四月初進入法蘭克尼亞，首先在伯勃林根遇到華美基督教農民軍。這支農民軍是以弗倫施坦山為根據地建立起來的。領袖是波特瓦市政官費爾巴哈爾。他們在四月初，轉戰方圓兩三百里的地區，占領了許多城市和城堡，起義隊伍壯大得很快。鄰近的農民軍都同他們一道戰鬥。其中，包括從華美軍中分裂出來的羅爾巴赫和他率領的兩百名英勇戰士。他們在攻打斯圖加特市的時候，有六千人之眾，並且配有大炮。在他們附近還有一支赫部農民軍。

特魯赫澤斯遇到這樣強大的農民軍，十分震驚。於是他故技重施，一面假意談判，削弱農民軍的鬥志一面收買叛徒，從內部進行破壞，乘農民軍放鬆警惕時，在五月十二日發動突然襲擊。羅爾巴赫身先士卒，率領他的士兵頑強抵抗。農民軍內部的中產階級公開叛變投靠敵人。鄰近的赫部農民軍，以華美基督教農民軍曾經拒絕援助他們為藉口，在這危急關頭也坐視不救。特魯赫澤斯乘機用騎兵衝殺，消滅了這支農民軍。在混戰之中，羅爾巴赫不幸被俘，特魯赫澤斯把他捆在柱子上用火慢慢燒死。

特魯赫澤斯鎮壓華美基督教農民軍以後，聯合當地貴族軍隊進攻海爾布朗城。農民軍中的富裕市民相繼叛變。這些人早在參加起義的初期，就同貴族保持祕密的聯繫，隨時準備妥協投降。當特魯赫澤斯兵臨城下的時候，他們勾結城內貴族開城迎接。

在六月二日的科尼斯霍芬戰役中，以及在六月四日的祖爾茨多夫戰役中，特魯赫澤斯集中主力攻擊農民軍中堅部分。這些戰士雖然頑強抗擊，還是抵擋不住貴族的騎兵。到七月初，法蘭克尼亞的起義基本失敗了。特魯赫澤斯回到士瓦本，又去鎮壓那裡的起義。一五二五年三月十七日，薩克森地區繆爾豪森城的平民，在全國農民起義的影響下，也起來推翻城市貴族的統治，組織了人民政權「上帝永約會」，公推閔采爾為主席。

閔采爾擔任主席以後，在繆爾豪森城宣布：廢除特權，消滅領主，財產公有，人人勞動，人人平等。幻想建立一個沒有階級，沒有剝削的理想社會。

起義的迅速擴展，使得貴族驚恐萬分。他們直到四月底才拼湊起一支軍隊，配備了武器，建立了炮兵和騎兵，由黑森伯爵腓力一世（Philip I, Landgrave of Hesse）和薩克森公爵奧格爾格（George, Duke of Saxony）親自率領。他們採用突然襲擊和殘酷屠殺的辦法，首先鎮壓了周圍的起義軍。最後，圍攻閔采爾領導的革命中心——繆爾豪森。

五月一六日，雙方在繆爾豪森相遇。閔采爾率領了八千農民軍，擁有幾門大炮，並且還在城裡繼續鑄造大炮，訓練軍隊準備迎擊敵人。狡猾的腓力和奧格爾格，跟特魯赫澤斯一樣，也施展詭計假意談判，締結停戰協定。可是，停戰期限未滿，他們又突然打進來。

什利亞赫特堡失守後，閔采爾率領剩下的起義部隊退進繆爾豪森城內。敵人的騎兵緊緊追來，也同時進了城。在激戰中，閔采爾頭部負傷，被敵人俘虜拷打致死。

德國封建主到處進行瘋狂的報復，成千座村莊被焚毀，數萬名農民受到審訊、拷打和判處死刑。即使僥倖活命的農民，也必須繳納很重的罰金，擔負很重的徭役和租金。許多已經獲得人身自由的農民重新變成農奴。十六世紀以後，西歐大多數國家的農奴制在逐漸廢除，而德國的農奴制卻到處死灰復燃起來了。與此同時，德國的地方封建主勢力也不斷增強，封建割據局面更加發展，國家更趨於分裂狀態，資本主義經濟的發展受到更大的阻礙。

一五二四年至一五二六年德意志農民戰爭從根本上動搖了大主教的勢力，封建貴族的統治也大受打擊。

奧土戰爭

奧土戰爭

時間　西元一五二九年至一七九〇年

參戰方　奧地利和土耳其

主戰場　匈牙利中部和西部

主要將帥　查理五世、法蘭西斯一世

十六至十八世紀，奧地利和奧斯曼土耳其為爭奪東南歐和中歐霸權而進行的歷次戰爭。一五二九年，奧斯曼土耳其向奧地利哈布斯堡王朝管轄的匈牙利中部發起進攻，一五二九年九月占領匈牙利首都布達佩斯，接著入侵奧地利，不久開始圍攻維也納。在圍攻維也納的過程中，土軍屢屢戰敗，不能攻克，這時候疾病開始流行，後勤供給也很不足，土軍不得不撤退。一五三〇年，奧地利和土耳其進行了和談，結果也以失敗而告終，沒有達成任何協定。

一五三二年夏，雙方重新開戰。奧地利軍隊在查理五世統率下，在匈牙利中部地區頑強抵抗，土軍的進攻得到了阻止。一五三三年七月，奧土雙方在伊斯坦堡簽訂和約。根據條約規定，匈牙利西部和西北部仍歸奧地利管轄；奧地利每年向土耳其蘇丹納貢三萬金幣；匈牙利其餘部分歸土耳其控制，奧軍保證不對當地駐軍進攻。一五四〇年到一五四七年，土耳其與法國國王法蘭西斯一世聯盟，反對奧地利哈布斯堡王朝。土軍對匈牙利西部又發起攻勢，於一五四一年和一五四三年先後占領布達和埃斯特格。一五四四年，奧地利與法國媾和，得以抽出兵力阻止土軍的前進。一五四七年，奧土雙方簽訂《亞得利亞那堡和約》，哈布斯堡王朝承認土耳其對匈牙利大部地區的統治。

一五五一年到一五六二年，奧土雙方為爭奪特蘭西瓦尼亞而展開爭鬥。土耳其軍隊獲得局部勝利：一五五二年，攻占特梅什瓦爾；一五五三年，攻占埃格爾。但是，在雙方簽訂的一五六二年的和約中，土耳其卻寸土未得，雙方呈膠著狀態。

在一五六六年到一五六八年的戰爭中，土耳其仍無建樹。

一五九二年到一六〇六年的戰爭是由土耳其挑起的，雙方各有勝負。一六〇六年，奧地利和土耳其締結了新的和約，這是奧地利第一次被對方認為平等的締約方，它只需一次付清二十萬杜卡特，不再每年向奧斯曼土耳其納貢。

匈牙利西部地區，雙方再次爆發戰爭。於一六六四年八月，在拉布河畔的聖戈特哈特附近進行了決戰，土軍遭奧軍迎頭痛擊失利。根據一六六四年雙方締結的和約，土耳其不得不從特蘭西瓦尼亞撤軍，但該地區仍屬奧斯曼土耳其帝國所有。

一六到一七世紀期間，奧斯曼土耳其因為不斷的向外侵略擴張，頻繁的戰爭使奧斯曼土耳其走向衰落。它的強盛時期已經屬於過去，也減弱了對西方的威脅。

在一六八三年到一六九九年的戰爭中，土耳其企圖聯合對奧地利哈布斯堡王朝不滿的匈牙利封建主的軍隊進行對奧戰爭。一六八三年七月，土耳其軍隊圍困維也納。奧軍得到波蘭軍隊的支持，九月，土軍被擊潰，損失慘重：死亡二萬餘人，損失火炮三百門。維也納戰役的失利，迫使奧斯曼帝國轉入防禦，並逐步撤離中歐。一六八四年，奧地利、波蘭和威尼斯之間建立反土耳其的「神聖同盟」，一六八六年，俄國加盟。此後，戰局發生變化。

一六八六年，奧軍攻占被土耳其占領的布達。一六八七年到一六八八年，先後占領匈牙利東部、斯拉沃尼亞、貝爾格勒等地。一六八九年，奧斯曼土耳其海軍在多瑙河上的維丁城附近敗北。一六九七年九月，奧軍在蒂薩河畔澤特一戰獲勝，土軍亡三萬餘人，損失全部火炮和輜重。根據一六九九年奧地利、波蘭、威尼斯與土耳其簽訂的《卡爾洛維茨和約》，以及次年俄國、土耳其簽訂的《伊斯坦堡和約》，奧地利獲得了匈牙利、斯拉沃尼亞、特蘭西瓦尼亞和克羅地亞大片領土；波蘭獲得第聶伯河西岸烏克蘭南部和波多里亞；威尼斯獲得摩里亞和愛琴海中的土屬各島；俄國獲得亞速要塞。這是對奧斯曼帝國的第一次分割。

一七一六年，土耳其又向奧地利開戰，但以失敗告終。一七一六年十月，奧軍攻占特梅什瓦爾；一七一七年八月，奧軍又在貝爾格勒附近擊潰了土耳其軍，土耳其的守軍投降。就這樣根據《波日阿雷瓦茨和約》，土耳其失去了貝爾格勒以及塞爾維亞的北部。

一七三五年到一七三九年期間，土耳其帝國連戰失利，奧軍開始取得部分勝利，占領了波士尼亞、塞爾維亞等地。軍事失敗加深了奧斯曼帝國的危機。

一七八八年到一七九〇年期間，根據一七八一年奧俄同盟條約，奧軍對土發起進攻，一七八八年九月，在洛多什城附近被土軍擊潰。但是由於俄軍在俄土戰爭中的獲勝使奧軍得以整頓兵力，重新轉入進攻。一七八九年十月，奧軍經過三個星期的圍攻，攻占了貝爾格勒，接著又攻陷謝苗德利亞、波日阿雷瓦茨等要塞。

奧土戰爭

但是當時的歐洲形勢，尤其是法國大革命後形勢的變化促使奧地利退出戰爭。一七九〇年之後，奧地利和土耳其在解決雙方衝突時不再訴諸武力，而轉為相互合作。

奧土戰爭加速了奧斯曼帝國的衰亡，昔日的奧斯曼帝國已無往日的威風，同時促進了多民族奧匈帝國的形成。

英西加萊海戰

英西加萊海戰

時間　西元一五八八年
參戰方　英國艦隊、西班牙艦隊
主戰場　英吉利海峽的加萊海域
主要將帥　德瑞克（Sir Francis Drake）

十六世紀，封建的軍事殖民帝國西班牙在西半球不可一世，它建立了一支強大海上艦隊，號稱「無敵艦隊」。同時，英國的海軍也得到了迅速的發展，向外擴張勢在必行，這必然侵犯了西班牙的利益。於是兩國關係日益緊張。一五八八年七月到八月間，英國艦隊同西班牙艦隊在英吉利海峽的加萊海域進行了一場海上決戰。

一五八八年七月，西班牙無敵艦隊遠征英國。這時「無敵艦隊」共有艦船一百三十艘，船上滿載八千名水手和一點九萬名步兵。西班牙步兵的傳統優勢一般是採取接舷戰法，它先是借艦身的重力衝撞敵艦，在敵艦搖擺不定時強行登上敵艦進行肉搏戰，最後奪取敵艦。

英國方面做了充分的迎擊準備。英國的一百六十艘戰艦由德瑞克指揮，船體小、速度快、機動性強，火炮數量多、射程遠。這種戰艦既可以躲開西班牙射程不遠的重型炮彈的轟擊，又可以在遠距離對敵艦開炮，以火炮優勢制勝。

八月七日夜，海上刮起大風，英國人把六艘舊船裝滿燃料，船身塗滿柏油點燃。向西班牙艦隊急馳而去。六條火龍順風而下，頓時火海一片，西班牙的「無敵艦隊」陷入一片混亂，在斷纜開航時亂成一團，有的相撞沉沒，許多則被燒毀。

八月八日，兩軍在加萊東北海上正式進行了會戰。西班牙的戰艦外形高聳，雖然顯得很有氣勢，但機動性差，艦炮射程近，成為英國戰艦集中炮火轟擊的靶子。英國戰艦行動輕快，在遠距離開炮，炮火又猛又狠，打得「無敵艦隊」許多艦隻紛紛中彈起火。激烈的海上會戰持續了一天一夜，「無敵艦隊」被英國戰艦打得落花流水。只是由於突然刮起西北風，才使西班牙人得以逃脫。他們向北繞過蘇格蘭到愛爾蘭，然後渡過大西洋回港，路上一再遭受損失，只有七十六艘殘破的戰艦返回了西班牙。

這次海戰實質上是後起的殖民主義英國與老牌的殖民主義西班牙之間的一場決

戰。英國在海上大獲全勝，擊敗了最強大的對手，從此取得海上霸主地位。

立窩尼亞戰爭

立窩尼亞戰爭

時間　西元一五五八年至一五八三年
參戰方　俄國與立窩尼亞騎士團、波蘭、瑞典、立陶宛大公國
主戰場　立窩尼亞
主要將帥　伊凡四世（Ivan IV）

一五五八年到一五八三年，俄國為了取得波羅的海的東南沿岸地區和出海口，先後對立窩尼亞、波蘭、瑞典等國大打出手，引發一系列戰爭。

一五五八年一月，俄國沙皇伊凡四世出兵四萬人攻入日爾曼騎士團占領的立窩尼亞，挑起戰爭。立窩尼亞封建主無力抵禦，向波蘭國王兼立陶宛大公齊格蒙特二世（Sigismund II Augustus）尋求保護，俄軍最終退出。一五六〇年，俄軍再次攻入立窩尼亞，占領了大片領土，引起鄰國的不滿而捲入到戰爭中。瑞典首先占領了立窩

尼亞的愛斯特蘭，波蘭和立陶宛乘機控制了立窩尼亞的其餘地區。俄國不想與他國共同瓜分立窩尼亞，只好和瑞典、波蘭和立陶宛開戰。一五六三年，伊凡四世為了繼續搶奪出海口，再次率領八萬軍隊從南方攻入立陶宛。在攻打軍事重鎮波洛茨克時，俄軍前線指揮官庫爾布斯基，投向了立陶宛，俄國不得不撤軍。一五六九年，波蘭王國和立陶宛大公國經過了「盧布林聯合」後，成為波蘭立陶宛王國，加強了同俄國爭奪的力量。

一五七六年，波蘭立陶宛王國與瑞典、土耳其、克里木汗國結成反對俄國的同盟，反俄力量又增大了。一五七九年，波蘭立陶宛國王巴托里（Stephen Báthory）率領軍隊反擊占據立窩尼亞土地的俄軍，奪回軍事重鎮波洛茨克，進入俄國境內先後占領涅韋爾、大盧基等地，並於一五八一年包圍普斯科夫，在俄國境內形成一條「波蘭走廊」。與此同時，瑞典在俄國的北方發起了進攻，一舉占領了科列拉、納爾瓦，並開始了向卡累利阿進軍。到一五八一年末，芬蘭灣南岸的出海口幾乎全在瑞典軍隊控制之下。俄國打不下去了，不得不退讓媾和。一五八二年，俄國先同波蘭簽訂停戰協定。次年，又同瑞典簽訂停戰協定，被迫放棄在立窩尼亞所占領的全部領土。俄國的失敗是因為樹敵過多，多面作戰，而其內部又矛盾重重。更重要的原因是它的國力還不夠強大，以致對外擴張受到挫折。

俄國在國力還不夠強大的情況下，向外擴張使得國內矛盾重重，樹敵太多，致使戰爭以失敗告終。

荷蘭獨立戰爭

荷蘭獨立戰爭

時間　西元一五六六年至一六〇九年
參戰方　西班牙與荷蘭獨立組織
主戰場　荷蘭
主要將帥　阿爾瓦（3rd Duke of Alba）、威廉一世（Willem van Oranje）

一五六六年到一六〇九年之間，在尼德蘭發生了資產階級革命。當時的尼德蘭包括今天的荷蘭、比利時、盧森堡三國和法國北部的一部分。它的資本主義經濟發展的早，成長較快。一五六六年八月，尼德蘭各地先後爆發反對天主教會的聖像破壞運動，進一步發展成了戰爭。

一五六七年，尼德蘭各地的起義者，已經增加到數萬人。但是由於貴族同盟的動搖和妥協，西班牙派來的新總督阿爾瓦公爵很快將起義鎮壓下去。阿爾瓦在尼德蘭實

荷蘭獨立戰爭

行恐怖統治，設立「除暴委員會」，起義者約有一點二萬人被殺，一些溫和派貴族與資產階級首領被處死。在嚴峻的形勢下，一些人逃到德意志招募軍隊，企圖以武力推翻西班牙新總督的恐怖統治，均沒有成功。

此時，以路易（Louis of Nassau）為首的「丐軍」在北部沿海組建了「海上丐軍」遊擊隊，以裝備有槍炮的輕便船隊開展海上遊擊戰，打擊西班牙軍隊。一五七二年，「海上丐軍」遊擊隊攻占布里爾城，占領荷蘭與澤蘭省，並推舉威廉為兩省執政。

阿爾瓦親自率軍圍剿，收復很多失地，最後圍攻萊登。一五七四年八月，威廉指揮起義軍掘開海堤，海水無情地淹沒了很多西班牙軍隊，阿爾瓦被迫下令撤軍。

一五七六年九月，布魯塞爾人民起義推翻了西班牙在尼德蘭的統治機構。十一月，以威廉為代表的荷蘭、澤蘭省與南方各省簽訂了旨在實現南北統一的《根特協定》，共同反對西班牙統治，由於雙方在宗教等問題上存在分歧，加之西班牙軍隊尚有強大實力，《根特協定》沒有落實。一五七九年，西南幾省的貴族同盟宣布，仍然承認西班牙對尼德蘭的統治；而北方各省則不屈不撓，成立了「烏德勒支同盟」，繼續反抗西班牙。一五八一年七月，以「烏德勒支同盟」為基礎的北方七省，召開三級會議，通過《誓絕法案》，宣布廢黜西班牙國王腓力二世（Felipe II de España），正式成立了「聯省共和國」。由於荷蘭省在聯省中的經濟和政治地位最重要，所以「聯省共和國」又稱「荷蘭共和國」，簡稱「荷蘭」。聯省共和國成立後馬上與英、法結盟，繼續與西班牙作戰。到了一六〇九年，西班牙在英西戰爭和胡格諾戰爭中連遭失敗，國王腓力三世（Felipe III de España）被迫與聯省共和國簽訂十二年停戰協定，事實上承認了荷蘭獨立。至此，尼德蘭的資產階級革命在北方獲得了完全勝利。

荷蘭獨立戰爭是一場反封建制度的鬥爭。戰爭結束後，荷蘭建立了世界上第一個資產階級共和國。十七世紀中期後，荷蘭迅速崛起，很快成為對東方貿易的霸主、歐洲的金融中心和世界性的「海上馬車夫」。

萬曆朝鮮之役

萬曆朝鮮之役

時間　西元一五九二年至一五九八年
參戰方　日本、朝鮮
主戰場　朝鮮
主要將帥　李舜臣、豐臣秀吉

日本以武力統一全國後，便開始了對外擴張。當時集大封建領主和大軍閥頭目於一身的豐臣秀吉（一五三六年至一五九八年）執掌著全國的軍政大權，他乘朝鮮李氏王朝耽於黨爭內訌，朝綱混亂，決定通過武力征服朝鮮入侵中國，進而稱霸東亞。

一五九二年初，日本最高當政者豐臣秀吉組建了二十二萬人的軍隊，建立了擁有數百艘艦船和九千名船員的艦隊，分批向朝鮮沿海進發，開始了壬辰（壬辰年）戰爭。

第一批部隊（一點八萬人）分乘三百五十艘艦船，於一五九二年五月二十五日在釜山登陸。數量不多的釜山守軍和居民進行了頑強的抵抗，但因眾寡懸殊，城市終為日本人攻占。在南部沿海登陸的第二批部隊（二點二萬人）經慶州、熊川和新甯數城向北推進。幾乎與此同時，第三批部隊（一點一萬人）在洛東江口登陸，占領了清元城，並向春川山口推進。在這幾批部隊登陸之後，日本將主力（八萬人）和其餘艦隊全都調往朝鮮。朝鮮封建統治集團由於朋黨之爭，對侵略者無力組織抵抗。數量不多的政府軍接連失利。日本人擊潰了朝鮮的一支八千人的部隊的抗擊，奪取了全寧山口，在忠州城又擊潰了另一支朝鮮部隊，迅速逼近漢城（京城）。七月初，日本人兵不血刃入漢城，日軍占領漢城以後，繼續向西北和東北進攻，在臨津江一帶遇到朝鮮軍隊的堅固防禦而受阻。日軍使出軍事計謀，佯裝撤退，將朝鮮軍誘出工事，接著進行反衝擊將其擊敗。日軍占領了開城和平壤。到此，朝鮮國土大部分淪陷。朝鮮人民在非占領區普遍組織了人民義勇軍——「義兵」（「正義之師」），開展了遊擊戰爭，突襲敵人的要塞和兵營，特別是在夜間，隱蔽潛入敵宿營地進行騷擾，進行防禦戰鬥，燒毀糧秣倉庫和破壞敵人的交通線。在圍攻要塞和城市時，朝鮮人組織了特別突擊隊，並使用了「飛擊震天雷」，以殺傷敵有生力量。為援助被日本圍困在要塞裡的守衛部隊，朝鮮人經常對敵人的後方進行出其不意的引誘性突擊。

萬曆朝鮮之役

朝鮮宣祖在愛國朝臣和軍民抗倭熱潮的推動下，要求明朝援助。朝明唇齒相依，故決定援朝抗倭。同年秋派以陳嶙為總兵，李如松為副將的五萬餘大軍赴朝抗倭。翌年一月，朝鮮愛國官兵在明軍的協同支援下，一舉收復西京、開城、漢城，日軍退守南部沿海一帶，整個北朝鮮解放了。

水軍將領李舜臣統率的朝鮮水軍的行動卓有成效，曾多次重創敵艦隊，粉碎了日本陸海合擊的計畫。日本入侵前，朝鮮水軍共有四支獨立艦隊，其中有兩支在戰爭剛一開始就損失了。只有李舜臣統轄的有八十五艘戰艦的艦隊，在陸軍的支援下抗擊日本艦隊，在先後幾次戰鬥中，擊沉日艦四十多艘。一五九二年七月九日，在李玉金的第四艦隊的協同下，李舜臣在南海島以北的泗川灣，擊毀日本大型戰艦十二艘。在這次交戰中，朝鮮人首次使用了覆蓋鐵板的戰艦——「龜船」，此種戰船不易被敵炮火擊傷，且配有強大火力，又具有高度機動性。此後不久，李舜臣統率了整個朝鮮水軍，對日本艦隊進行了多次連續突擊。一五九二年十一月，李舜臣在釜山地區又取得了輝煌勝利。這次，他們發現釜山地區聚集了日本的主力（四百七十餘艘艦船）後，李舜臣命令自己的艦船開向那裡，龜船航行在第一線。朝鮮水軍在一天之內將日本人遺棄的一百艘空船焚燒殆盡，當戰鬥發展到陸上時，朝鮮人發覺日本人擁有騎兵優勢，便退到船上返回了基地。朝鮮的遊擊隊、政府軍和水軍通過共同努力將敵人逐出了漢城。先後擊沉日艦三百多艘，打敗了日軍水陸並進的計畫。

日軍遭受重大打擊之後，以和平談判為幌子，企圖贏得時間為新的入侵做準備。一五九七年初，日本重新開始進攻，但未得手。這時，明朝認知到日本的危險性，遂派出了十四萬軍隊入朝援助朝鮮軍隊和人民義勇軍作戰。此時，朝鮮水軍也得到了加強（已有五千餘人）。日軍撤向釜山，後被封鎖在朝鮮南部一些港口。一五九八年十月十八日，李舜臣統率的水軍在露梁海峽截住了五百多艘企圖從朝鮮運走殘餘部隊的日本軍艦，朝中水軍與侵略者展開激戰，擊沉日艦四百五十艘，殲滅日軍一萬多人，日軍澈底戰敗。在這次海戰中，李舜臣擊斃日軍大將，打退多艘包圍明軍的日艦。明軍七十歲的老將鄧子龍戰艦起火，李舜臣在前往援救時身中流彈。李、鄧兩位名將都在這次海戰中犧牲，為朝明兩國人民的戰鬥友誼譜寫了光輝的篇章。

這場戰爭粉碎了日本封建武士侵略朝鮮及中國的狂妄企圖，同時體現了朝明兩國人民休戚與共的戰鬥情誼。

三十年戰爭

三十年戰爭

時間　西元一六一八年至一六四八年

參戰方　奧地利哈布斯堡王朝與德意志諸侯

主戰場　德國

主要將帥　斐迪南（Ferdinand II）、腓特烈（Friedrich V.）、黎希留（Duc de Richelieu）

一六一八至一六四八年，歐洲兩個強國集團——哈布斯堡王朝與反哈布斯堡王朝集團為爭奪歐洲霸權而展開了一次全歐國際性大混戰；起初，戰爭是圍繞德國新舊教矛盾進行的，但不久就演化為各國爭奪權利和領土的混戰，西歐、中歐及北歐主要國家幾乎全部先後捲入，從而演變為歐洲第一次大規模的國際戰爭。因戰爭持續三十年，故史稱「三十年戰爭」。

德國和整個西歐經宗教改革後，德國分裂為兩個敵對的集團，即「新教同盟」和「天主教同盟」，教宗、皇帝、西班牙都支持天主教同盟，德國、荷蘭和英國等支持新教同盟。德國兩大諸侯集團和西歐各國尖銳對立的形勢，使戰爭終因以一六一八年捷克人民起義為導火線而爆發。

捷克人在一六一八年舉行起義，衝進王宮，把國王的兩個欽差從窗口投入壕溝，這個「布拉格拋窗事件」是捷克反對哈布斯堡王朝起義的開始，也是三十年戰爭的開端。戰爭開始時，捷克軍隊進展順利，六月進抵維也納近郊。斐迪南求助於天主教同盟，並把普法茲選侯的爵位讓予巴伐利亞公爵（Maximilian I），天主教同盟立即出兵二點五萬人，並供給皇帝大量金錢；西班牙也出兵進攻普法茲。一六二〇年十一月，捷克和普法茲聯軍被天主教盟軍擊敗，腓特烈逃往荷蘭，普法茲被西班牙占領，捷克成為奧地利的一省，約有四分之三的捷克封建主土地轉入德國人之手。征服者還強迫捷克居民改奉大主教，焚毀捷克書籍，宣布德語為捷克國語。

皇帝和天主教同盟的勝利，直接威脅法國和荷蘭的安全。法國不能容忍查理五世帝國的復活，荷蘭則已於一六二一年與西班牙處於戰爭狀態。英王詹姆士一世（James VI and I）關心自己的女婿普法茲選帝侯腓特烈五世的命運，垂涎北德領土的丹麥和瑞典，也不願看到德皇對全國實現有效的統治。於是，這場戰爭很快轉變為廣泛的國際戰爭。一六二五年，法國首相黎希留倡議英國、荷蘭、丹麥締結反哈布斯堡聯盟，英、荷兩國則慫恿丹麥出兵，從此開始了戰爭的第二階段。

一六二六年，捷克貴族華倫斯坦（Albrecht von Wallenstein）和天主教同盟的軍隊打敗丹麥和新教諸侯的聯軍。丹麥國王被迫於一六二九年五月在律貝克簽訂和約，保證以後不再干涉德國的內務。皇帝規定新教諸侯於一五五二年以後將所占教產全部歸還原主，同時根據華倫斯坦的計畫，德國將在波羅的海上建立一支強大的艦隊，瑞典害怕此計畫影響它在波羅的海的優勢地位，遂在法國大量金錢援助下，瑞典軍於一六三〇年七月在波美拉尼亞登陸，開始了戰爭的第三階段。

瑞典軍隊由國王古斯塔夫（Gustav II Adolf）率領，很快就占領波美拉尼亞，一六三二年初，占領美因斯，四月，又攻陷奧格斯堡和慕尼克。在列赫河戰役中，天主教同盟軍慘敗。同時，捷克和德國本部有很多地方掀起農民和市民反對哈布斯堡家族和封建的起義。德皇在危急之中，重新起用華倫斯坦為統帥，十一月，與瑞典軍發生會戰，瑞典獲勝，但古斯塔夫陣亡。瑞典軍取勝後軍紀鬆弛，德皇乘機聯合西班牙軍，於一六三四年九月在諾德林根附近大敗瑞典軍。這對法國大為不利。當丹麥、瑞典以及德國新教諸侯連續失敗後，法不得不直接出兵了，致使戰爭進入第四階段——全歐混戰階段。

法國首相黎希留先與瑞典議和，商定發動戰爭後任何一方不單獨與哈布斯堡皇帝議和，然後於一六三五年五月對西班牙宣戰。戰場主要仍在德國境內，但戰爭同時也在西班牙、西屬尼德蘭、義大利等地進行。戰爭開始後，雙方蹂躪所占領的對方地區，掠奪和殺戮居民。法軍採取多點進攻和破襲交通等手段疲憊對方。一六四五年孔代親王（Louis II de Bourbon）協同蒂雷納子爵（Henri de La Tour d'Auvergne）在諾德林根（德境）打敗德皇軍隊。法國和瑞典軍隊還取得其他幾次戰爭的勝利，使哈布斯堡王朝集團無力再戰。瑞典軍的節節勝利，引起丹麥王的嫉妒和恐懼，乘瑞典軍深入南德時期，丹麥對瑞典宣戰。經三年（一六四三年至一六四五年）戰爭，瑞典從海陸兩路圍逼丹麥，丹麥被迫求和。從一六四三年起，交戰雙方在威斯特伐利亞開始談判，一直到一六四八年十月才達成協議，締結了兩個和約——《奧斯納布呂條約》和《明斯特和約》（合稱為《威斯特伐利亞和約》），至此戰爭結束。

三十年戰爭對歐洲各國歷史的發展影響深遠。根據威斯特伐利亞和約，各國按實力重新分割歐洲領土，在此基礎上形成了近代歐洲的國際格局，建立了「民族國家主權至上」的原則，結束了中世紀以來的由「一個教宗、一個皇帝」統治歐洲的局面。荷蘭和瑞士獨立獲得正式承認，法國成為歐洲霸主，西班牙卻失去了一等強國的地位。德國依然是一個四分五裂的封建國家。

英國內戰

英國內戰

時間　西元一六四二年至一六五一年

參戰方　英國國會派與保皇黨

主戰場　馬斯頓荒原

主要將帥　奧立佛・克倫威爾（Oliver Cromwell）

在一六四〇年至一六八八年英國資產階級革命期間，發生了兩次國內戰爭。它是以新興資產階級為首的廣大社會階層反對君主專制和封建制度的武裝鬥爭，是十七世紀英國資產階級革命即歐洲範圍內的第一次革命主要的也是最高的鬥爭形式。

十七世紀初，隨著資本主義經濟的發展，新貴族和資產階級（包括城市中的工商業資本家、手工工廠主、行會行東和農村部分農場主）的力量進一步增強，他們要求廢除封建專制，分享政治權利，並產生了反映資產階級要求的思想意識——清教。

英國內戰

他們在國會中形成了與專制王權對立的反對派，國會同國王之間的矛盾和鬥爭不斷發展。國王查理一世（Charles I）為得到國會撥款勉強批准了《權利請願書》；但當國會抗議國王隨意徵稅時，查理一世遂於一六二九年解散國會。一六四〇年十一月查理一世被迫召開新國會，標誌著英國革命的開始。

一六四二年一月，查理一世離開革命形勢高漲的倫敦，北上約克城組織保王軍隊，準備以武力鎮壓國會派的「叛逆」行為。八月二二日，他在諾丁漢樹起了王軍旗幟，宣布討伐國會內的叛亂分子，從而拉開了英國內戰的序幕。

第一次內戰：一六四二年至一六四七年。一六四二年十月二十三日，王軍同國會軍在埃吉山進行了首次大規模交戰，王軍兵力七千多人，國會軍七千五百人。國會軍兩翼騎兵被王軍騎兵的反擊所打敗，但中路步兵卻打退了王軍步兵的進攻，並將其擊潰，戰鬥結果未分勝負。十月二十九日，王軍攻占牛津，十一月十二日攻占距倫敦七英里的布倫特福，首都告急。四千多名由手工工人、學徒和平民組成的民兵隊伍火速開往前線，國會軍力量大增，迫使王軍放棄進攻倫敦的計畫。一六四三年，整個軍事形勢對國會軍十分不利。九月，王軍兵分三路進攻倫敦，首都再次告急。倫敦民兵組織四個團同國會軍一起挫敗王軍的進攻，倫敦再次轉危為安，但王軍控制了五分之三的國土，國會派處於被動。

一六四四年七月初，兩軍在馬斯頓荒原展開了內戰以來首次大規模會戰。二日，王軍魯伯特親王率騎兵迅速占領整個荒原。國會軍獲悉後立即向荒原挺進。晚上兩軍展開激烈戰鬥，王軍潰敗。王軍投入一點五萬人（騎兵七千人），死亡三千多人，被俘一千五百人；馬斯頓荒原之戰是英國內戰的轉捩點，它扭轉了國會軍連連失利的局面，從此掌握了戰爭主動權。

一六四五年一月，國會建立一支由國會撥款、騎兵占三分之一的二點二萬人的新模範軍，任命托馬斯・費爾法克斯（Thomas Fairfax）為總司令，統一指揮全軍，克倫威爾被任命為副總司令兼騎兵司令。

國會軍一改過去被動防守、等待作戰的消極路線，採取主動進攻、追敵決戰的積極進攻戰略，取得了一個又一個軍事勝利。其中以內斯比一戰最為重要。一六四五年六月十四日，雙方在內斯比附近展開決戰。國會軍集中兵力一點四萬人，其中騎兵六千五百人，王軍則拼湊了七千五百人，其中騎兵四千人。在歷時三小時的會戰中，王軍主力遭到毀滅性打擊，從此一蹶不振。到一六四七年三月，王軍的最後一個據點落入國會軍之手，第 次內戰宣告結束。

第二次內戰：一六四八年。第一次內戰勝利後，革命陣營內部長老派和獨立派之間的鬥爭日益激烈。

正當革命陣營發生分裂和鬥爭時，查理一世逃出國會軍大本營，勾結長老派和蘇格蘭人，於一六四八年二月在西南部發動叛亂，第二次內戰爆發。國會軍先後在威爾士和東部平息王黨叛亂，並在一六四八年八月十七日同支持國王的蘇格蘭軍隊進行了著名的普勒斯頓會戰。克倫威爾首先向蘇格蘭軍左側的英國王軍蘭代爾部發起猛攻，經四小時激戰擊潰王軍。克倫威爾乘勝直撲蘇格蘭軍，先將里布林河右岸的敵軍擊潰，隨後渡河追擊。十八日晨，國會軍在距普勒斯頓十五英里處的威根追上蘇格蘭軍，並立即率部插入敵陣，將敵後衛部隊切割成數段，分而殲之。十九日，國會軍繼續追殲蘇格蘭軍。八月二十五日，漢密爾頓在走投無路的情況下向國會軍將領蘭伯特投降。至此，第二次內戰以英國國會軍粉碎蘇格蘭軍和王軍的進攻宣告結束。

一六四九年一月三十日，查理一世被處死刑，二月，國會通過決議廢除上院和王權，五月成立共和國。

共和國的建立標誌著英國資產階級革命發展到了高潮，同時也宣告了一種新的社會政治制度的誕生。

英荷戰爭

英荷戰爭

時間　西元一六五二年至一六七四年，一七八〇年至一七八四年

參戰方　英國、荷蘭

主戰場　海上

主要將帥　魯伊特（Michiel de Ruyter）

十七世紀和十八世紀英國和荷蘭共和國的四次海軍衝突的頭三次戰爭由商業競爭引起，證實了英國海軍的威力；由荷蘭干涉美國革命而引起的第四次戰爭，導致荷蘭喪失了世界強國的地位。

一六五一年，英國頒布了《航海條例》，打擊了荷蘭的商業利益。荷蘭人決定反擊，這就引起了第一次英荷戰爭（一六五二年至一六五四年）：荷蘭於一六五二年七月首先進攻英國。兩國在近海、地中海、印度洋以及連接波羅的海和北海的各海峽展

英荷戰爭

開一系列海戰。英國艦艇裝備有較先進的火炮，而且在數量和品質上均占優勢，經過多次交鋒，荷蘭艦隊戰敗。第二次英荷戰爭（一六六五年至一六六七年）：英國占領荷蘭在北美的殖民地新阿姆斯特丹（即紐約）。一六六五年一月，荷蘭第二次對英宣戰。一六六六年，為了共同對付英國，法國和丹麥同荷蘭結成同盟。在一六六六年六月的敦克爾克海戰中，荷蘭艦隊首先擊敗了英軍，英國又重新派艦參戰，又一次打擊了荷蘭艦隊。於是荷蘭海軍封鎖泰晤士河口，殲滅部分英國艦隻。由於倫敦直接受到威脅英國被迫締結和約。第三次英荷戰爭（一六七二年至一六七四年）：一六七二年，英軍和法國結盟後，突然襲擊了荷蘭海軍。一六七三年八月，魯伊特指揮的荷蘭艦隊在特克塞爾附近擊潰英法聯合艦隊，英國退出戰爭。一六七四年英國同荷蘭單獨簽訂威斯敏斯特和約。

第四次英荷戰爭（一七八〇年至一七八四年）：英荷兩國再次兵戎相見時，兩國的同盟關係已維持一個世紀。這次戰爭的起因是荷蘭同正在起義反抗英國的美洲殖民地進行祕密貿易和談判。一七八〇年十二月英國宣戰，第二年很快占領了荷蘭西、東印度群島的主要屬地，並對荷蘭海岸嚴密封鎖。但荷蘭共和國後來一直未能集結一支像樣的能作戰的艦隊，當戰爭在一七八四年五月結束時，荷蘭的國力和威信已下降到最低點。

英荷戰爭不僅證實了英國海軍的威力，而且在很大程度上削弱了荷蘭海上實力，致使荷蘭在經濟、貿易、海運方面的實力大大下降，淪為歐洲二流國家。英國成為海上霸主。

維也納解圍戰

維也納解圍戰

時間 西元一六八三年

參戰方 奧斯曼帝國與奧地利

主戰場 維也納

主要將帥 揚三世·索別斯基（Jan III Sobieski）

神聖羅馬帝國是一個地跨中歐、東歐的龐大帝國，它自九六二年建立到一八〇六年滅亡，共延續八百四十四年之久。這個帝國長期以來就是幾百個大大小小的諸侯國的聯合，奧地利是最大的諸侯國之一，奧地利的哈布斯堡家族是帝國境內最有勢力的諸侯，從十五世紀末葉起，這個家族的人一直當選為帝國的皇帝，奧地利也就自然成為帝國的政治中心。

到十六世紀後半期，依靠軍事征服建立起來的龐大的奧斯曼土耳其帝國已經度過了它的鼎盛時代，開始走向衰落。十七世紀後半期，奧斯曼帝國內部更是矛盾重重，內外交困，日益衰落。為了轉移國內人民的視線，它興兵向中歐、東歐腹地屢次進犯。一六六三年秋，土耳其占領了位於今斯洛伐克南部的烏伊瓦爾和尼特拉，此後又與波蘭、俄國發生戰爭。奧斯曼帝國的擴張政策給中歐和東歐人民帶來了深重的災難，同時也激發了他們聯合抗擊的決心。

一六八三年春，奧斯曼帝國進軍奧地利，為挑起這場戰爭找了兩個藉口：一是說神聖羅馬帝國的皇帝利奥波德一世（Leopold I）沒有答應撤除在利奥波德甫一帶的設防，阻礙了奧斯曼大軍越過瓦赫河向北進發；二是說烏伊瓦爾地區未交足稅金。奧地利派皇家軍隊前往烏伊瓦爾抵禦，但遭到了失敗，維也納宮廷惶恐不已。七月上旬，奧斯曼軍隊已經逼近維也納，利奥波德一世攜宮廷眷屬和一些達官顯貴倉皇出逃。

七月一四日，奧斯曼軍隊開始了對維也納的圍攻。在維也納城內，施塔海姆貝格被任命為城防司令，捷克貴族茲坦奈克、卡普特里日伯爵作他的助手。守城的士兵不到一萬三千名，加上五千名市民、宮廷釋奴和學生，總共還不到兩萬人，而且武器裝備很差。再看土耳其軍隊，則兵精糧足，裝備又好，總兵力達十七萬五千人。七月二十五日，土耳其人發起了第一次進攻，但被守城軍民擊退。以後，守城軍民又接連擊退了土耳其軍隊的幾次進攻。但隨著圍困時間的拖長，城內糧食發生了困難。在維也納城被圍之前，維也納學生軍曾將大批牲口趕進了城裡，所以在圍困初期，城內尚有充足的食物；以後糧食逐漸不足，甚至連飲水都發生了困難。八月的食品價格比七月上漲了二十到三十倍，飢餓的市民只得靠捕捉貓、狗和老鼠來充飢。

土耳其軍隊開始用重炮轟城，並採用地雷爆破。而守城的維也納軍民僅有步槍和臨時製作的手榴彈作為武器，到九月初已處於彈盡糧絕的境地，城池危在旦夕。在這千鈞一髮之際，波蘭國王揚三世・索別斯基統帥的聯軍終於趕到城郊高地。城防司令施塔海姆貝格立即派人向索別斯基告急，告急的信上寫道：「刻不容緩！天哪，刻不容緩！」

波蘭是作為奧地利的同盟國參戰的。一六八一年俄土戰爭結束後，土耳其準備進攻奧地利，索別斯基深知「唇亡齒寒」，他清楚地看到，如果奧地利被土耳其占領，勢必危及波蘭，於是決定和利奧波德一世結盟。一六八三年三月三十一日和五月二日，兩國政府先後批准了波奧同盟條約。盟約規定，無論是維也納還是克拉科夫（在今波蘭南部，曾為波蘭首都），在受到土耳其人的直接威脅時，締約的一方有義務給另一方以全力的援助。正是根據這次條約，索別斯基在得到維也納被困的消息後，便率領一支兩萬五千名由波蘭人和烏克蘭哥薩克組成的軍隊，通過捷克王國的摩拉維亞地區，向維也納前線挺進。九月初，以騎兵為主的波蘭軍隊抵達維也納戰場，同奧地利皇家陸軍中將洛林公爵卡爾率領的奧軍和德意志諸公國的軍隊會合，這支部隊總人數為六萬五千人，整個聯軍由索別斯基統一指揮。

索別斯基是一位卓越的軍事統帥，一六七三年十一月曾率領波軍戰勝了土耳其軍隊，在長期的戎馬生涯中，積累了豐富的作戰經驗。一六八三年九月十二日清晨，由索別斯基指揮的維也納解圍戰正式打響。索別斯基將軍隊擺成一個半圓形隊形，聯軍隊伍中，由洛林公爵率領的一支皇家軍和薩克森選侯揚・喬治率領的軍隊組成的左翼，首先向土軍陣地發起進攻。到中午時分，另一支皇家軍組成的中鋒和波蘭軍隊組成的右翼也投入了戰鬥。土耳其軍隊為免於被包圍，將大部分兵力調向左翼，而右翼力量相對減弱。洛林公爵利用這一時機，向土軍猛攻，突破了土軍陣地的幾道防衛線，與此同時，波蘭重騎兵也發起衝鋒，直搗土軍大本營。戰鬥中，年近花甲的索別斯基老當益壯，身先士卒。聯軍一往無前、越戰越勇，土耳其軍隊漸漸不支，到日落時分，土耳其軍隊的統帥卡拉・穆斯塔法帕夏急忙下令撤退。索別斯基抓住戰機，率領騎兵窮追猛打，土軍丟盔棄甲，狼狽潰逃，維也納解圍戰一舉成功。經過這次戰鬥，土耳其軍隊遭遇到毀滅性失敗，約兩千人被擊斃，損失火炮三百門。

維也納解圍戰中的光輝戰績使整個歐洲為之一振，大大促進了巴爾幹各民族反對土耳其統治的民族解放運動的發展，鼓舞了巴爾幹各國人民反對土耳其壓迫的鬥爭，為斯洛伐克人、匈牙利人和特蘭凱斯瓦尼亞的各民族人民擺脫奧斯曼帝國的奴役創造了條件。

彼得一世征戰亞速

彼得一世征戰亞速

時間　西元一六九五年至一六九六年

參戰方　俄國、土耳其

主戰場　亞速

主要將帥　彼得一世（Peter I）

在一六八六年索菲亞（Sofia Alexeevna Romanova）執政時，俄國為擺脫閉鎖狀況奪取黑海出海口，同土耳其開仗，曾組織了兩次南下對克里米亞韃靼汗國（當時為土耳其的附庸）的遠征，統帥軍隊的是索菲亞的寵臣瓦西里．戈里津公爵（Vasili Vasilievich Galitsyn）。由於俄國軍事力量的落後，加上戈里津指揮無能和優柔寡斷，兩次遠征都失敗了。黑海和亞速海依然是土耳其的內湖，直接阻礙著俄國的南下。

彼得一世征戰亞速

一六八九年，彼得依靠他的少年兵團和一部分貴族的支持，推翻了他的異母姐姐、攝政者索菲亞，開始正式掌權。

他登基後開始著手遠征亞速。一六九五年開始遠征。

彼得一世接受了戈里津遠征失敗的教訓，改變從陸路進攻克里米亞韃靼汗國，因為一條三百多公里寬的荒野草原給俄軍南下糧食運送造成了極大困難。他決定，俄軍主力走水路，沿聶伯河和頓河南下，圍攻扼守頓河到亞速海入海口的戰略要地——亞速，切斷克里米亞韃靼汗國同土耳其的聯繫，從海上威脅克里米亞韃靼汗國，造成最有利的入侵形勢。軍隊由三個將軍統率：戈登將軍率九個團，計四千九百人；戈洛文將軍有兩個近衛軍團、六個莫斯科射擊兵團，共七千人；列弗爾特將軍的兵力最強，有一點四萬人，此外還配備有兩百〇一門大炮、三點二萬普特的火藥、三十多萬發槍彈。戈登將軍率部仍走陸路，以阻擊土耳其援軍。戈洛文和列弗爾特兩支軍隊則沿莫斯科河、奧卡河和伏爾加河順流而下，抵達察里津（今伏爾加格勒），再越過伏爾加河和頓河之間的陸地，進入頓河，直抵亞速。

亞速要塞工事堅固，工事上修有棱堡，全是石頭砌成。城牆外有土堤，土堤前面又有壕溝。土軍防守非常嚴密。

七月八日，俄軍開始炮擊要塞，彼得一世作為炮兵連長，親自指揮炮擊。土耳其人則頻繁出擊，頓河沿岸的一些炮樓又阻止俄軍糧食的運送。七月十四日，幾百名哥薩克發動突襲占領了炮樓。第二天，土耳其人探聽到俄軍有午睡的習慣，發動出其不意的攻擊，俄國損失了許多人才擋住了土耳其人的攻勢。到七月底俄軍還未到達亞速城下，連壕溝也未能越過。彼得一世異常焦急，命令在射擊兵中挑選衝鋒隊，另派四百名哥薩克乘小船沿河岸接近要塞，同時發起攻擊。各路軍隊配合很差，土耳其人集中優勢兵力打退了俄軍的進攻。這次進攻俄軍死傷一千五百多人。之後，彼得一世又決定採用挖坑道爆破城牆。到九月中旬，各路軍隊才逐漸地進到壕溝邊上，爆炸未炸著土耳其人，飛起的木塊、石塊落到俄軍陣地，炸傷不少俄國士兵。

九月二十五日，俄軍對亞速要塞又發起了第三次進攻，要塞城牆被炸開了一個四十公尺寬的缺口，俄軍乘機衝上前去，土耳其擊退了俄軍的衝鋒。冬季即將來臨，彼得一世不得已下令撤退第一次遠征的敗軍，還未回到莫斯科，彼得一世就已在策劃第二次遠征了。他讓大貴族舍因（Aleksei Shein）擔任名義上的籌備第二次遠征的總指揮。一六九五年冬季一開始，就調集了大批人馬在頓河畔的沃龍涅什造船，彼得一世親自到了那裡，監督造船工作的進行，親自參加造船。這年冬天，共建造了二十二艘帆槳大船、四艘放火船。其中最大的帆槳大船有三十八個槳、五十五門火炮、一百七十三名水手。另外，還造了兩艘巨大的作戰帆船——大橈船，船上裝有三十六門火炮。

一六九六年一月十三日，彼得一世又下令徵兵，第二次遠征亞速的總兵力近七萬人。這次遠征仍是水陸兩軍向南進發，為及早切斷亞速要塞的一切對外聯繫，把它包圍了起來。五月十八日，彼得一世接到哥薩克偵察兵的報告，在頓河河口的前方出現了土耳其船隊，彼得一世親自率領八艘帆槳大船和一些哥薩克小船前往截擊，切斷亞速與海上的聯繫。由於頓河河口水淺，大船不能直接駛到海上，彼得一世遂率船隊返回設在新謝爾基耶夫斯克的基地，在河口地帶埋伏下一支部隊。土耳其人在得知俄國的帆槳大船離開的消息之後，到夜晚，十三艘大貨船在十一艘戰船掩護下駛近河岸，準備登陸。埋伏在那裡的俄軍擊潰了土軍，俘獲並擊沉了一些船隻。仍在海上的一些土耳其船隻見此情景，驚慌失措，匆忙駛離河口而去。俄軍從這次突襲中繳獲了大批給亞速要塞的糧食，亞速與外界的聯繫實際已被切斷。

五月二十七日，彼得一世又乘頓河春汛漲水的機會，率大船駛出海口，控制了海面，並派兵在河口設立炮臺防守。與此同時，從陸上包圍亞速的工作也已完成；中路由戈洛文擔任；左翼配置了貴族團隊、頓河哥薩克和里格曼的部隊；右翼是戈登。由於彼得一世提前發動軍事行動，土耳其人未能來得及加強防衛，甚至還未能完全清除去年俄軍留下的工事。土耳其曾一再派兵支援，但增援船隻均受阻在海面上，無法駛近要塞，最後不得已撤離。六月十六日，土耳其騎兵曾數次向俄軍後方及交通線發起攻擊，但均被擊退。

在七月十八日清晨，守城部隊在完全絕望的情況下被迫與俄軍談判。當晚，要塞投降，土耳其人被准許攜帶自己的武器和私人財產出城。十九日清晨，俄軍進占亞速。

兩次遠征亞速，彼得一世得到了鍛鍊。認知到俄國軍隊的落後，為了爭奪出海口，必須建設一支正規海軍，必須把建立海軍作為重要任務。以後，他憑藉這支海軍和擴編的陸軍，發動了長達二十一年的北方戰爭。俄國開始崛起。

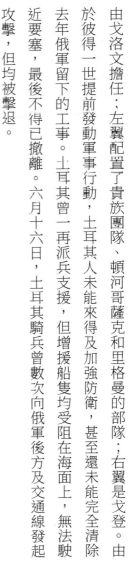

北方戰爭

北方戰爭

時間　西元一七〇〇年至一七二一年

參戰方　俄國、瑞典

主戰場　波爾塔瓦

主要將帥　彼得一世、查理十二世（Karl XII）

對亞速的兩次遠征，使彼得一世充分認知到俄國政治、經濟和軍事的落後。為了繼續對外擴張，一六九七年彼得一世隨同所謂「大使團」前往歐洲學習和考察。他強迫下屬學習，自己也發憤學習。他曾說過，君主要是在學問上不如自己的下屬，那就沒臉見人。彼得一世在國外一年多時間裡，特別重視海軍事業。他在荷蘭的船廠幹過活，熟悉整個造船的工藝過程；又考察英國的造船業；還招募了一批外國海軍軍官去俄國服役。這次出訪，大大開闊了他的眼界。他洞察歐洲政治形勢，改變了南下土耳其的戰略，轉攻瑞典，去打通波羅的海出海口。開始了長達二十一年之久的北方戰爭（一七〇〇年至一七二一年）。

為了使俄國能集中兵力與瑞典開戰，彼得一世進行了頻繁的外交活動。他指派烏克拉英切夫與土耳其簽訂和約，以解除南方之憂。當時歐洲一些大國都捲入一七〇一年至一七一四年的西班牙王位繼承戰爭而無心他顧。這便給彼得一世對瑞典的戰爭造成了一個有利的國際環境。

一六九九年十一月，彼得一世頒布了徵兵命令，規定每二十五戶農民出丁一人；同時還招募了一批志願兵。建立起俄國最早的正規軍，即完全由國家控制的常備軍。彼得一世在同土耳其媾和之後，便立即率領三點五萬人的軍隊進攻通往波羅的海的要衝——納爾瓦。

一七〇〇年時，包圍瑞典納爾瓦要塞的戰役一開始，就暴露出俄軍的致命缺點：缺乏彈藥和糧草，軍官指揮無能，各部隊不能密切配合，士氣低落。

瑞典國王查理十二世是當時有名的軍事家，被稱為「常勝將軍」。他迅速集結了一支二點三萬人的軍隊。這支軍隊人數不多但個個訓練有素，被認為是歐洲最好的軍隊。俄軍圍攻納爾瓦之時，正值瑞典軍隊遠征丹麥。丹麥猝不及防，被迫訂立城下之盟。當查理十二世得知俄軍意圖後，迅即率兵救援。十一月十九日，瑞軍突然出現在納爾瓦城下，一陣猛烈而迅疾的衝鋒打得俄軍抱頭鼠竄，望風而逃。俄軍戰線拉得太長，又沒有整體戰鬥計畫，瑞典人的攻擊使俄國人首尾不能相顧，當天傍晚俄軍不得不與瑞典人談判。查理十二世同意俄軍攜帶隨身武器撤離，但不能帶走大炮；俄軍指揮部的七十九名將校軍官全部留下當了俘虜。這一戰，俄軍共損失了一點七萬人，餘部退回俄國境內。查理十二世得意洋洋，認為已澈底擊潰俄國，便向西進攻波蘭。

彼得一世並未灰心，他首先穩住俄國同盟者波蘭，答應給波蘭提供一點五萬多人的軍隊及其全部費用，另外再每年提供十萬盧布的財政補助；還向薩克森選帝侯兼波蘭國王奧古斯特二世（Augustus II）提供二萬盧布的專款，用來收買波蘭國會的議員。新招了十個團；還把教堂的鐘都拆下來改鑄大炮，僅一年功夫就鑄成了三百多門新炮。

一七〇一年，俄國在立夫蘭恢復了軍事行動。十月，舍列麥捷夫軍團在愛列斯菲爾取得第一次對瑞典人的勝利。一七〇二年舍列麥捷夫軍團又取得勝利，占領了馬林堡，在那裡俘虜了牧師格魯克一家和他家十七歲的女僕。她後來成了彼得一世的妻子，彼得一世死後還曾繼位擔任女皇，即葉卡捷琳娜一世（Catherine I）。俄軍同時還進入當時瑞典所屬的涅瓦河左岸的英格利亞，開展軍事行動。彼得一世親率五個營的近衛軍去攻打涅瓦河源頭的諾特堡要塞。那裡的瑞典守軍有四百五十人、一百二十門大炮。一七〇二年十月十一日，俄國人進行了長達十三個小時的衝擊後，迫使瑞典人交出要塞。俄國人把這座要塞改名為施利色堡，意思是「鑰匙之城」，表示它是通向海洋「大門」的鑰匙。

次年春，二萬俄軍沿涅瓦河順流而下，直達瑞典的另一座要塞——尼恩尚茨。彼得一世親自指揮，要塞於五月一日投降。這時，一支瑞典艦隊從海上駛近，不知道要塞已被占領。彼得一世命令士兵乘坐三十艘小船夜襲瑞典艦隊，奪取了一艘小船和一艘雙桅帆船。這是俄國人第一次在海上取勝。

五月十六日，彼得一世在離那裡不遠的地方開始建設彼得羅巴甫羅夫斯克要塞，要塞附近又建造了一些木屋。這就是後來以彼得一世名字命名的俄國新都彼得堡（一七一三年正式從莫斯科遷都於此）。彼得一世又在離彼得堡二十五公里的涅瓦河口的科特林島上修建了一座要塞，作為彼得堡的屏障和門戶，它日後成為俄國有名的海軍基地——喀琅施塔得。

一七〇四年俄軍以重兵包圍了納爾瓦，瑞典人固守待援。俄國人利用瑞典人等待援軍的迫切心情，讓四個團的俄軍裝扮成來增援的瑞軍，與俄軍「廝殺」。城內守軍看到「援軍」已到，殺出城來接應，旋即遭到俄國人的重創。納爾瓦終於失陷。俄國占領了整個涅瓦河流域和英格利亞。

一七〇五年，查理十二世打垮了親俄的波蘭國王奧古斯特二世，迫其放棄王位，另立親瑞的列普欽斯基為波蘭國王。此時，他可以騰出手來，專門對付俄國了。一七〇七年八月，查理十二世率兩千名步兵和二點四萬名騎兵，回師向東，由波蘭進入俄國，揚言「要澈底打垮俄國」。彼得一世等待他向莫斯科進軍。但查理十二世突然轉向南方進入烏克蘭，打算在那裡補充糧食，進行休整並等待援軍。查理十二世這次是孤軍深入，一路受凍挨餓。一七〇八年九月，俄軍在列斯納亞村消滅了瑞典的援軍，等到其殘部同查理十二世會合時，發現一點六萬人的部隊只剩下幾千人，而給俄國人留下了七千輛裝有糧食和彈藥的大車。這無疑使瑞軍的處境更加困難。

一七〇九年四月，查理十二世進抵波爾塔瓦。六月二十七日開始交戰。波爾塔瓦是通往俄國內地和莫斯科的戰略要地。城內沒有堅固工事，經受不了瑞典軍的長期圍攻。於是，彼得率主力前去救援。俄軍營地安紮在離瑞典人的五公里處，營地兩邊是樹林，營前是平原，建有工事和許多多面棱堡。俄軍兵力為四點二萬人、七十二門大炮，此外還有哥薩克和加爾梅克人的部隊。瑞軍約有三點一萬人、四門大炮。六月二十七日凌晨一時，瑞軍開始向俄軍的多面棱堡進攻，與緬什科夫（Alexander Danilovich Menshikov）率領的騎兵發生激戰，瑞軍損失慘重。

這時，查理十二世命令全軍緊密合攏，從北面通過棱堡，但被俄軍切斷。瑞軍仍以橫隊猛向前衝，到達平原時即排開戰鬥隊形，側翼配以騎兵。俄軍也排成兩列隊形，中間是步兵，兩翼是騎兵。仗打得非常激烈，查理十二世的腳受了傷，仍坐在馬車上指揮，並讓他的馬車走在右翼隊伍的前面。瑞軍不顧俄軍猛烈的炮火繼續前進，到離俄軍很近才開始射擊，接著是持續兩小時的白刃戰，直到彼得一世帶來後援部隊才打退了瑞典人。交戰中，彼得一世的帽子和馬都中了子彈；查理十二世的二十四名護衛人員只剩下三人，他本人從馬上摔了下來，失去了知覺，後被瑞典人抬離戰場。緬什科夫率領的騎兵這時也從右翼包抄過來。瑞典騎兵先後退，步兵也往後退，當他們退到波爾塔瓦城下時，發現營地已被俄軍所占，只好沿瓦爾克斯拉河朝聶伯河方向逃跑。跟隨查理十二世逃脫俄軍追擊的只有兩千多人，其餘瑞軍全部投降。瑞軍被俘者共一萬八千九百九十四人，被打死者達九千兩百八十四人；而俄軍只死傷四千六百三十五人。波爾塔瓦會戰是北方戰爭的轉捩點。逃到土耳其的查理十二世這

北方戰爭

時派人來要求和談，而彼得一世的擴張領土的胃口已比先前大得多了：他不僅要求瑞典割讓整個英格利亞、愛斯特蘭以及包括維堡在內的整個卡累利阿，還要瑞典賠償損失。瑞典已打得精疲力竭，無力再戰，不得不答應俄國的全部領土要求。雙方在尼什塔特簽訂和約，俄國獲得了覬覦已久的波羅的海沿岸的大片領土（包括立窩尼亞、愛沙尼亞、英格利亞、庫爾蘭一部分和芬蘭東部）。持續二十一年的北方戰爭終於結束了。

一七二一年九月十日，彼得堡舉行盛大慶典，假面舞會一直持續了八天。

一七二一年十月二十二日，俄國參政院授予彼得一世以皇帝的稱號，從此沙皇俄國正式稱為「俄羅斯帝國」。

俄國獲得了水域，得以自由出入波羅的海，俄國的擴張開始由「地域性的蠶食」轉向了「世界性的侵略體制」。

七年戰爭

七年戰爭

時間　西元一七五六年至一七六三年
參戰方　英、法等歐洲所有主要大國
主戰場　德國及英、法殖民地
主要將帥　各國國王

一七五六年至一七六三年的「七年戰爭」，是歐洲兩大軍事集團即英國—普魯士同盟與法國—奧地利—俄國同盟之間，為爭奪殖民地和霸權而進行的一場大規模戰爭。

七年戰爭前夕，歐洲各大國之間的關係正醞釀著新的大變動，各種矛盾錯綜複雜。其中對全域起決定作用的首先是英法矛盾。其次是普奧矛盾和俄普矛盾。

在歐洲各派力量的分化組合行將完成之際，普王腓特烈二世（Frederick the Great）判斷戰爭已不可避免，從普魯士所處戰略地位考慮，與其等待敵人進攻，不如趁敵人尚未完全準備就緒之機，先發制人，於一七五六年八月底親率九點五萬人的軍隊對薩克森發動突然襲擊，七年戰爭由此爆發。

在普軍預有準備的軍事行動面前，薩克森軍很快陷入包圍，被迫投降，首府德累斯頓隨即被普軍占領。在普軍對薩克森軍形成包圍時，奧地利派出一支軍隊火速增援，雙方在埃格爾河和易北河會合處的洛沃西采遭遇。交戰結果，奧軍未能突破普軍防禦，一七五六年的戰局以普軍的勝利告終。

一七五七年初，腓特烈二世進軍波希米亞。五月六日，普軍向布拉格發起進攻，奧軍被迫退守城內。為解布拉格之圍，奧軍一部向布拉格開進，普軍亦派一部迎擊。兩軍在科林附近遭遇激戰，普軍失利，隨後解除了布拉格之圍，退回薩克森。此間，法軍分兩路在西線展開了軍事行動。兩軍於十一月間舉行羅斯巴赫會戰，法軍大敗。當年，俄軍亦於五月間開始向戰場調動軍隊。夏季，乘奧、法軍對普軍兵力的牽制，進軍東普魯士，期間兩軍展開大耶格爾斯多夫之戰。普軍先占優勢，但俄軍後又反敗為勝。普軍於十二月間舉行全年度的最後一次大會戰洛依滕會戰，取得全勝。

一七五八年，反普同盟諸國總兵力進一步增加，但由於戰略指導上缺乏全域觀念，作戰行動不協調的情況嚴重存在。普軍趁敵方觀望之機，由洛依滕長驅直下奧地利領地摩拉維亞，普俄兩軍於八月二十五日在屈斯特林城附近的措恩多夫村展開血戰，打成平手。普軍在休整期間，於十月間遭到奧軍突然襲擊，傷亡慘重。

一七五九年的戰爭又以俄軍的西進為前奏。普軍於七月間在法蘭克福東南截住俄軍，但戰敗。八月，俄奧兩軍在法蘭克福會師。為防俄奧聯軍進攻柏林，普軍集結兵力再次前往阻截，雙方展開了著名的庫納斯多夫會戰，結果普軍失敗。

一七六〇年，俄奧聯軍在戰略上產生分歧。俄軍主張攻打柏林，而奧軍則急欲奪取西里西亞，於是兩軍又各自為戰。十月間，俄軍乘奧軍與普軍周旋之機，曾一度偷襲柏林得手，後在普軍主力回救時放棄。普軍在解除柏林危急後，調頭迎戰奧軍，雙方在薩克森境內舉行托爾高會戰，普軍勉強取勝，從而度過了艱難的一七六〇年。

一七六一年下半年，俄軍主力南下同奧軍會合，幫助奧軍在西里西亞取得一系列勝利，使普軍在全戰線的防禦岌岌可危。為攻克柏林，俄軍另一部在魯緬采夫將軍指揮下開始圍攻柏林的門戶科爾貝格。當年十二月，科爾貝格失陷。

彼得三世繼位後，俄國立即退出戰爭，將所占土地歸還普魯士，並轉向同普魯士結盟。

在歐洲大陸以外，戰爭主要表現為英國和法國在海上和各殖民地的爭奪；戰爭初

七年戰爭

期，英國在戰略上側重於以海軍同法國海軍在海上交戰。英國還以殖民軍隊為主力，在海軍的支援下，同法國殖民軍在印度和菲律賓等地展開角逐，最終完全控制了這些地區。

以俄國退出戰爭為標誌，七年戰爭進入了尾聲。由於英國在海外取得了決定性勝利，普魯士又重新奪回了西里西亞，加之各國已被戰爭拖得筋疲力盡，七年戰爭的結局基本已經形成。基於這一情況，交戰各國相互間簽訂了一系列停戰和約。一七六三年二月十五日，以普魯士為一方，奧地利和薩克森為另一方，簽訂了結束七年戰爭的《胡貝爾圖斯堡和約》。

七年戰爭對歐洲歷史影響深遠。法國失去了大批殖民地和海上優勢，結束了三十年戰爭以來法國在歐洲的霸主地位；英國成了海上霸主，為建立龐大殖民帝國奠定了基礎；普魯士雖在戰爭中遭受重大損失，但並未被打垮，而且保住了西里西亞，日益崛起，為日後統一德意志打下基礎；俄國力量有所增強，開始涉足歐洲事務；奧地利在戰爭中勢力大為削弱，國際地位下降。

美國獨立戰爭

美國獨立戰爭

時間　西元一七七五年至一七八三年

參戰方　英國、美國

主戰場　薩拉托加、約克敦

主要將帥　華盛頓（George Washington）、康華里（Charles Cornwallis, 1st Marquess Cornwallis）

北美洲原是印第安人的故鄉。一四九二年哥倫布（Christopher Columbus）發現「新大陸」後，西班牙、荷蘭、法國、英國等國開始不斷地向北美洲移民。十七世紀至十八世紀上半葉，英國多次通過和其他國家爭奪殖民地的戰爭，以及對印第安人的屠殺和掠奪，成了北美大陸的勝利者，在北美洲大西洋沿岸建立了十三個殖民地。英國殖民者力圖把殖民地變成英國工業品的銷售市場和廉價原料的供應地，極力阻礙

美國獨立戰爭

北美殖民地資本主義經濟的發展。自十七世紀下半葉起，英國一連頒布了許多法案，如「航海條例」、「列舉商品法」、「主要商品法」、「羊毛織品法案」、「製帽條例」、「製鐵條例」等等，想方設法限制、扼殺殖民地獨立經濟的發展。一七六三年以前，英國忙於進行爭奪其他殖民地的戰爭，北美殖民地經濟乘機迅速發展，經濟獨立性增強，各殖民地之間的經濟來往日益頻繁，城市人口日益增加，出現了像費城、紐約、波士頓等擁有數萬人口的大城市。這些城市逐漸成為十三個殖民地的政治、經濟和文化中心。各殖民地之間社會經濟交流的加強，也促進了共同文化生活的發展。美國一些著名的大學就是在這時候創立的。

一七五六年至一七六三年的英、法七年戰爭，英國得勝後騰出手來加緊奴役北美殖民地。為了適應工業革命發展的需要，英國急需擴大國外市場，同時又要把七年戰爭的軍費轉嫁給殖民地人民，巧立名目徵收新稅，使得殖民地與英國宗主國之間原有的民族矛盾進一步嚴重了。一七六三年，英國政府宣布禁止向西移民，以保證王室對西部土地的獨占，從而堵塞了渴望得到土地的廣大勞動人民的謀生之路，也限制了資產階級和大種植園主向西占地。以後，它又相繼頒布了「印花稅法」、「糖稅法」、「茶葉稅法」，更進一步激化了矛盾。一七七三年十二月十六日，憤怒的波士頓人裝扮成印第安人闖入停泊在波士頓港口的三艘英國茶船，把價值一點五萬鎊的三百四十二箱茶葉倒到海裡。「波士頓傾茶事件」大大鼓舞了殖民地人民的鬥爭士氣，也激怒了英國統治階級。他們開始採取報復行動，從一七七四年三月起又頒布了五項高壓法令。這種高壓政策只能使北美人民的反英運動更加高漲。

北美各殖民地在反英鬥爭中聯合了起來。一七七四年九月五日，各殖民地代表在費城召開第一屆大陸會議。會上通過「三斷」決議，即和英國斷絕一切輸入、輸出和消費關係，但同時又企圖和英國達成妥協。一七七五年，當大陸會議對進行武力反抗猶豫不決的時候，北美人民就行動起來了。四月十九日，英軍去康科特搜查民兵儲藏的軍火，並企圖逮捕愛國者的著名領導人。英軍走到波士頓附近的列星敦時，遭到民兵伏擊。英軍狼狽潰退，死傷和被俘達三百人，而民兵只損失五十人。此次鬥爭揭開了殖民地獨立戰爭的序幕。四月底，二萬名民兵在波士頓附近建立了一個營地，稱為「自由營」。五月十日，第二屆大陸會議在費城召開。六月十五日，大會通過組建正規軍決議案，規定軍隊按志願入伍的原則補充兵員，建成一支由師、旅、團、營、炮兵和騎兵分隊等組織的正規軍，軍隊總數定為八十八個營，共六萬人（但在戰爭進程中從未超過兩千多人），由維吉尼亞的大種植園主、原英軍上校華盛頓為北美大陸軍總司令。一七七六年七月二日，第二屆大陸會議通過了湯瑪斯・傑弗遜（Thomas Jefferson）起草的《獨立宣言》，七月四日起實馳。《獨立宣言》宣告十三個殖民地脫離宗主國，成為獨立的美利堅合眾國，走上了獨立戰爭道路。

英國是當時世界上最大的工業國，擁有一千萬人口，占有廣大殖民地，有裝備先進的陸軍和強大的海軍，它派到北美殖民地的軍隊總數曾達到九萬人；而美國經濟和軍事力量落後，人口不足三百萬，大陸軍的衣著裝備都很差，平均每三個人才攤到一支火槍、一條被子，沒有海軍。

從列星敦戰役到一七七七年十月是戰爭的第一階段。美國處於戰略防禦階段，主要戰場在北部和中部。一七七五年六月十七日，雙方在波士頓附近的班克山發生一次大戰鬥。民兵一天之內三次打退了英軍向班克山高地的衝鋒，民兵傷亡四百餘人。英軍傷亡一千餘人。班克山戰役後，民兵包圍了波士頓。華盛頓迅即騎馬趕到波士頓指揮戰鬥。一七七六年三月，美軍奪取了波士頓南面的高地，設置大炮控制全城，英軍被迫撤離波士頓。

八月，英軍統帥豪將軍率一支二萬人的軍隊，從美軍後方迂迴攻打美軍。幾天以後，雙方軍隊在長島激戰。因華盛頓連夜作戰，部隊困乏疲勞，被英軍包圍。關鍵時刻大霧降臨，華盛頓乘機突圍。九月中旬，英軍占領紐約。十一月，又占領美軍在哈得遜流域的兩個要塞。華盛頓不得不率軍向新澤西撤退。這時美軍只剩下五七人，士氣低落。湯瑪斯・潘恩（Thomas Paine）的革命檄文使美軍士氣大振，他們決心堅持到底。十二月二－五日耶誕節華盛頓斷定英軍忙於過節不會戒備，率領兩千四百人，在漁民的協助下，渡過特拉華河，把英軍打得狼狽不堪。一七七七年一月三日，華盛頓又向普林斯頓進軍。他採用突襲戰術贏得了勝利，但這些局部勝利，未能扭轉整個戰局。一七七七年九月二十五日，費城陷落於英軍之手，華盛頓被迫率大陸軍退到費城西北的福吉谷過冬整訓。此時，英國政府急於結束戰爭，為儘早解決北美戰事，企圖以三路大軍進攻阿爾瓦尼，占領哈德遜河流域，孤立新英格蘭。但三路大軍無統一的作戰部署和指揮，以聖萊傑率領的英軍中途遭民兵襲擊退回加拿大，另一支由豪將軍率領的英軍忙於對付華盛頓主力，沒按計畫行事。結果三路大軍中只有伯格因（John Burgoyne）率領的英軍從加拿大南下，伯格因孤軍深入，他派遣的一支一千人的隊伍在本寧頓被民兵英雄約翰・史塔克（John Stark）率領的佛蒙特綠山兄弟會全部殲滅。新英格蘭民兵奮起抗英，堅壁清野，切斷道路，破壞橋梁，使伯格因的軍隊陷於重重包圍之中，只好退守紐約北部重鎮薩拉托加。一七七七年十月十七日，彈盡援絕的伯格因率六千名英軍投降。薩拉托加戰役扭轉了戰局，是美國獨立戰爭的轉捩點。

從薩拉托加戰役到戰爭結束是第二階段。美國從戰略防禦轉入戰略進攻，主要戰場在南方。一七七八年二月，美國與法國締結同盟條約。夏天，援助美國的法國艦隊開進美國領海，迫使英軍撤出費城。自一七七八年以後，英軍在北部和中部失去了組織大規模進攻的能力，軍事行動轉向南方，妄圖依靠南方親英的大商人和大種植園主，在那裡全力發動攻勢以挽回敗局。一七八〇年五月，英國海陸軍聯合遠征，占領南卡羅來納沿海重鎮查爾斯頓，美國派到南方去的正規軍敗於英軍，英軍總司令錯誤地認為南方戰場的勝利局勢已定，令部下康華里將軍防守查爾斯頓，自己率部隊返回紐約。但南方人民廣泛開展遊擊戰爭，他們有的潛伏在家裡，有的則躲在懸崖峭壁和樹林背後，待英軍的炮隊和輜重車過來時進行突然襲擊。鐵匠出身的大陸軍副總司令格林（Nathanael Greene）把正規軍與遊擊隊的軍事行動有效地結合起來，在南卡羅來納北部的石山及懸岩、考彭斯和吉爾福德等地，連連挫敗英軍，使戰局有了改變。美軍隨即轉入反攻，康華里在南方無法立足，兵力又日漸消耗，最後退往弗吉尼亞州的海港城市約克敦等待英國海軍支援。此時，華盛頓、羅尚博、聖西門率領的英法聯軍，自紐約附近的西點南下，通過新澤西，在特拉華河乘船，九月於約克敦西北的威廉斯堡登陸，合圍約克敦。法國艦隊也自西印度群島趕來配合，在約克港外打敗了英國海軍，完全切斷了英軍的海上供應線和退路。十月十九日，走投無路的康華里率八千人投降。

至此，美國獨立戰爭基本上結束。一七八三年九月三日，英美雙方在法國巴黎凡爾賽宮簽訂和約。英國正式承認美國獨立，美國終於擺脫了殖民統治，成了獨立自主的國家。

獨立戰爭的勝利，是美國歷史發展的里程碑。它還具有國際意義，鼓舞了拉丁美洲殖民地人民爭取民族獨立的戰爭，也推動了歐洲人民反封建的革命運動。由於沒有解決農民的土地問題和黑人奴隸解放問題，使美國資本主義的發展仍然受到阻礙，引起第二次資產階級革命——美國內戰。

海地獨立戰爭

海地獨立戰爭

時間　西元一七九一至一八〇三年
參戰方　海地與法國
主戰場　海地
主要將帥　杜桑・盧維杜爾（Toussaint Louverture）

海地人民為了推翻殖民統治、廢除奴隸制度和建立獨立國家進行了戰爭，成為世界上第一個黑人共和國。

十八世紀下半葉美國獨立革命的勝利，鼓舞了聖多明哥人民的解放鬥爭。十八世紀法國啟蒙思想的傳入，給聖多明哥人民反對法國殖民統治提供了思想條件。一七八九年的法國資產階級革命及其《人權宣言》的公布，直接點燃了海地革命的導火線。根據《人權宣言》的原則，聖多明哥混血種人和「自由」黑人立即進行爭取公民權的鬥爭。混血種人文森特・奧熱是最著名的領袖之一。

一七九〇年十月，奧熱率領兩百五十名混血種人和「自由」黑人起義軍正式舉行武裝起義，揭開了海地革命的序幕。起義軍打擊法國殖民者，燒毀種植園，並打敗法國上校馬杜特率領的六百名殖民軍。馬杜特受挫後，法國殖民當局增派一千五百名殖民軍前往鎮壓，起義軍終於失敗，奧熱及其餘部逃往西屬聖多明哥。一七九一年初，西班牙殖民當局將他們引渡到海地角。奧熱被車裂而死，其餘起義者有的被處以死刑，有的被流放。

一七九一年十月，一位自學成才，名叫杜桑・盧維杜爾的前奴隸燒毀海地角北部的布雷達種植園，帶領一千餘名奴隸，加入起義軍隊伍，把起義推向一個新的高潮。奴隸起義的烈火迅即燃遍整個聖多明哥北部，殖民者和種植園主紛紛逃往海地角等大城市，請求殖民軍的保護。

一七九三年春，西班牙和英國結成第一次反法聯盟，決定聯合奪取聖多明哥。遭到當地起義軍的頑強抵抗。

一七九五年一月，杜桑為分化敵人，爭取投靠英國的聖多明哥西部種植園主，向他們宣布：「法國人，警鐘敲響了，從致命的錯誤中驚醒吧！」杜桑在聖多明哥中部的米留拔拉斯等地多次挫敗英軍，並協助法軍鎮壓海地角的叛亂，救出了法國總督拉沃。因此，杜桑被任命為聖多明哥的副總督。

一七九八年十月一日，英軍正式向杜桑投降。在六年的武裝干涉中，英軍傷亡達十萬餘人，其中死亡四萬五千餘人，耗費一億多美元。

一七九九年十一月九日，法國拿破崙・波拿巴（Napoleon）發動政變，解散督政府。一八〇一年，決定派兵征服聖多明哥。

杜桑從英國得到這個消息後，召開軍事會議，擬定防禦計畫。

一八〇二年一月二十九日，法國遠征軍抵達聖多明哥島東部的薩馬納灣。

六月初，杜桑接到法軍將領布呂內（Jean Baptiste Brunet）邀請他去戈納伊夫談判的來信。六月七日，杜桑到達軍營時，被布呂內逮捕，解往法國。因遭到殘酷折磨，於一八〇三年四月七日死於獄中。

法國的倒行逆施，激起了聖多明哥人民的憤慨。一八〇二年八月，原混血種人領袖佩蒂翁（Alexandre Pétion）在海地角附近首先率軍起義。克里斯托夫（Henry Christophe）等黑人將領亦積極舉旗回應。法軍頓時陷入四面楚歌的境地。加之瘟疫流行，法軍殘廢人數與日俱增。拿破崙聞訊後，破口大罵：「該死的糖！該死的咖啡!該死的殖民地!」

一八〇三年十月，起義軍攻克太子港。十一月十六日，起義軍在總司令德薩林(Jean-Jacques Dessalines) 指揮下進攻海地角。十九日，法軍總司令羅尚博眼看難以挽回敗局，下令投降。

在整個遠征中，法國共派遣六萬名軍隊侵入聖多明哥，其中死亡者達三萬五千人，不少人被關進了監獄。只有八千名官兵逃生，他們乘坐法國艦船回國，途中全被英國海軍俘去。法國遠征軍全軍覆沒。

一一月二十九日，聖多明哥正式公布由德薩林等簽署的《獨立宣言》。

一八〇四年一月一日，為追念杜桑，德薩林在杜桑被捕的戈納伊夫召集全體高級將領會議，向全世界人民宣告聖多明哥獨立，並將聖多明哥改為印第安人的傳統名稱——海地。

海地革命的勝利具有十分重大的意義，它是世界上第一次奴隸起義取得勝利的革命。它的勝利鼓舞了美洲各國奴隸的解放鬥爭，使「全世界奴隸主聽到可愛的海地所發生的事便戰慄起來」，從而推動了美洲各國奴隸制度的廢除。海地革命創造了依靠自己力量打敗殖民主義者的新經驗，為拉丁美洲各國人民爭取獨立自由樹立了榜樣，揭開了拉丁美洲獨立運動的序幕。

拿破崙戰爭

拿破崙戰爭

時間　西元一七九三年至一八一五年
參戰方　法國與反法聯盟
主戰場　奧斯特里茨、滑鐵盧
主要將帥　拿破崙、布呂歇爾(Gebhard Leberecht von Blücher)

一七八九至一七九四年，法國爆發資產階級大革命，摧毀了統治法國兩百年之久的波旁王朝，年輕炮兵中尉拿破崙．波拿巴，憑藉其顯赫的戰功登上了權力的頂峰。拿破崙威震歐洲大陸近二十年，他把整個歐洲作為他的軍事活動舞臺，親自指揮過五十多次戰役，半數以上的戰役他都能以少勝多，在世界軍事史上寫下了重要的一頁。

一七九三年，雅各賓派專政時期，二十四歲的拿破崙中尉以出色的軍事才能和勇

拿破崙戰爭

敢精神粉碎了法國南方土倫王黨的叛亂，破格被提升為少將旅長。一七九五年十月，王黨分子在巴黎發動叛亂，執政的熱月黨頭目起用了精通炮兵戰術的拿破崙。十月五日（法國共和曆葡月十三日），拿破崙用猛烈的炮擊，無情果斷地鎮壓了叛亂，被稱為葡月將軍。一七九六年，拿破崙被派往義大利邊境，去指揮進攻奧地利的軍隊。四月九日，拿破崙的遠征軍越過阿爾卑斯山天險，橫掃義大利，獲得全勝，俘敵十五萬，迫使奧地利簽訂和約，為撲滅法國革命而建立的第一次反法聯盟至此瓦解。

一七九七年十二月，拿破崙作為資產階級的英雄和「常勝將軍」凱旋巴黎。第二年，拿破崙又受命遠征埃及，企圖切斷英國通往其殖民地印度的交通線，並最後奪取印度。但由於英國艦隊在地中海尼羅河口的阿布吉爾海角將法國艦隊全部殲滅，使拿破崙得不到援軍和糧食，一時困厄在埃及。

正當拿破崙遠征東方期間，英、俄、奧、土耳其、拿坡里等國又集結在一起，組成第二次反法聯盟。一七九九年三月，反法聯盟從義大利、瑞士、荷蘭三面大舉進攻法國。法國連遭失敗，國內民主運動又重新高漲，王黨勢力也在圖謀東山再起，這一切使得熱月黨人建立的督政府的統治搖搖欲墜。拿破崙立即回國奪取政權。八月二十三日，他把軍隊指揮權交給克萊貝爾將軍（Jean Baptiste Kléber），自己率領五百名精兵，分乘兩艘小艦穿過遍布英國船隻的地中海，於十月十六日到達巴黎。大資產階級把他當作救星予以熱烈歡迎。十一月十九日，拿破崙發動政變，推翻了督政府，建立起獨裁統治。

拿破崙統治時期，對外戰爭連綿不斷。一八〇〇年五月，拿破崙與第二次反法聯盟重新開戰。他率領二萬人馬出其不意穿越險峻的大聖伯納德關口，只用了七天時間就越過阿爾卑斯山，進入義大利境內。六月十四日清晨，法國與奧國兩軍主力在馬倫戈相遇。經過一天激戰，法國獲得全勝，義大利北部重為法國所占領，第二次反法聯盟也以失敗而告終。

一八〇四年五月二十八日，拿破崙稱帝，稱拿破崙一世；並把法蘭西共和國改為法蘭西帝國。一八〇五年四月，拿破崙向英、俄、奧、瑞典、拿坡里等國組成的第三次反法聯盟開戰。他放棄了入侵英國的計畫，率領大軍揮戈向東，迎戰反法聯軍。不到二十天時間，法軍就從英吉利海峽趕到多瑙河。十月二十日，在德意志境內的烏爾姆迫使奧軍投降。接著，法軍長驅直入，在十一月十三日攻下了奧國首都維也納，然後奔襲俄奧聯軍主力。俄奧聯軍於十一月二十二日退到維也納東北的奧斯特里茨，在這裡與前來會師的五萬名俄軍匯合。這時俄國統帥庫圖佐夫(Mikhail Kutuzov)

建議聯軍繼續東撤等待戰機，而剛愎自用的俄國沙皇亞歷山大一世(Alexander I of Russia)卻決定在奧里繆茨以南同法軍會戰。他認為聯軍此時已達八點六萬人，而法軍只有七點三萬人；聯軍有火炮三百五十門，而拿破崙只有兩百五十門，普魯士國王也已同意出兵。拿破崙擔心普魯士十萬軍隊開來，法軍必然腹背受敵。他決心趕在普軍到來之前結束戰爭。

為了誘使聯軍決戰，拿破崙故意示弱。他派自己的侍從武官薩瓦里去見沙皇，低三下四地請求休戰、議和。俄奧聯軍得意忘形，他們以為拿破崙膽怯了。

十二月二日清晨，奧斯特里茨會戰開始。俄奧聯軍的計畫是切斷法軍去維也納和多瑙河的退路，全殲法軍於布隆地區。拿破崙將計就計，決定趁聯軍迂迴之際，實施中間突破，將其割裂各個擊破。拿破崙讓只有一萬人的薄弱右翼向後撤退，牽制聯軍主力左翼，其目的是引誘敵人主力從有利於防守的普拉岑高地上下來包抄法軍右翼，這樣一來聯軍戰線就拉長了，將左翼暴露出來。拿破崙搶占了普拉岑高地後，立即把炮兵配置在那裡，對聯軍主力猛烈轟擊。聯軍左翼司令官布克斯赫夫登不明情況，還在繼續向前進攻，結果聯軍被法軍分割包圍，部隊失去指揮，一片混亂，大部分被壓迫到薩千湖上。法軍又用大炮猛轟湖面，冰層塌陷，聯軍無數人馬葬身湖底。這一戰，俄奧聯軍死亡達一點二萬人，被俘約一點五萬人；法軍損失六千八百人。

奧斯特里茨戰役一舉摧垮了第三次反法聯盟。它是拿破崙戎馬生涯中最輝煌的一次勝利。這次戰役後不到二十四小時，奧國即行求和，神聖羅馬帝國從此滅亡。

英國於一八〇六年九月又拉攏俄國、普魯士等國組成第四次反法聯盟。拿破崙得知後主動出擊，十月十四日在耶拿的戰役中大敗普軍。與此同時，拿破崙的部將達武元帥（Louis-Nicolas Davout）在奧爾施泰特（在耶拿以北）以一：二的劣勢兵力打敗普軍主力。拿破崙開始了無情地追擊，直搗柏林，普王威廉三世（Friedrich Wilhelm III）狼狽地逃亡東部邊境。一八〇七年二月八日，拿破崙在艾勞以突然襲擊的正面進攻，擊潰了俄軍。拿破崙於六月又突破了弗里德蘭附近的俄軍主要防線，給俄軍以沉重打擊。沙皇遭此慘敗，不得不向法國求和。一八〇七年七月，俄法簽訂《提爾西特和約》。俄國答應結束同英國的合作，而與法國結成同盟，共同瓜分世界。

一八〇九年，英國同奧國組成了第五次反法聯盟。在戰爭中，法軍接連五次打敗奧軍。一八〇九年七月在維也納東北的瓦格拉姆戰役中，法軍擊垮奧軍主力。奧國被迫議和，向法國割地賠款。這時的法蘭西帝國表面上盛極一時，已統治歐洲七千五百萬人口，其領土面積相當於法國本土的三倍，但這也是拿破崙走向衰落的開始。他為了拔除他統治整個歐洲的最後障礙，決定征服俄國。

一八一二年六月二十三日夜，拿破崙不宣而戰，率領六十萬大軍渡過了俄國邊境上的涅曼河，入侵俄國。拿破崙指望用速戰速決的辦法戰勝俄國，但俄軍卻一直後撤，避免和法軍的總決戰。拿破崙每占領一個地方，不得不分散兵力來防守。

亞歷山大一世為了協調各路軍隊的領導，不得不起用他所不喜歡的庫圖佐夫為俄軍總司令。這時的庫圖佐夫已是六十七歲高齡的老人，他關心士兵疾苦，平易近人，具有高超的軍事指揮才能，在俄軍中享有很高的威望。庫圖佐夫就任總司令後，首先分析了法俄雙方的情況，認為法軍兵力雖然有所耗損，但還有十八萬人，較之俄軍仍占有優勢，因而俄軍必須保存軍力，不斷擴充後備力量等待時機準備反攻。九月三日，俄軍退到波羅底諾。兩天后，法軍主力也進抵該地西南的瓦盧耶瓦與俄軍相對峙。出於戰略考慮，庫圖佐夫決定在波羅底諾進行一次會戰，以進一步削弱法軍兵力。

波羅底諾位於莫斯科以西約一百二十公里處，附近有大道直逼莫斯科。這裡地形起伏，多叢林，有幾個小高地瞰臨戰場。會戰開始時，俄軍兵力有十二萬多人、六百四十門大炮，法軍有十三點五萬人、大炮五百八十七門。庫圖佐夫的設想是積極的防禦，盡量殺傷敵人，改變雙方力量對比，為爾後的戰鬥和反攻作好準備。根據這個作戰意圖，庫圖佐夫布置了一個縱深防禦體系：陣地正面寬約八公里，縱深約七公里；部隊成三線配置（第一線為步兵，第二線為騎兵，第三線為預備隊）。俄軍三分之二的兵力集中在右翼，以控制通往莫斯科的斯摩棱斯克交通要道。

九月五日，拿破崙主力到達瓦盧耶瓦。當天中午，拿破崙投入四萬兵力、一百八十六門大炮，經過半天的激戰，攻占了俄軍左翼陣地前沿突出部的舍瓦爾丁諾多面堡，以解除對法軍側翼的威脅。

九月六日，雙方進行會戰準備。九月七日晨五時，法軍在猛烈的炮火的支援下，對俄軍正面中部的波羅底諾村實施佯攻，並一舉攻克。主攻則指向俄軍左翼，俄軍打得極其頑強，拿破崙集中四萬兵力、四百門大炮，在中午時分開始了第八次攻擊。雙方短兵相接，戰鬥十分激烈。最後，庫圖佐夫主動放棄了波羅底諾陣地，前後持續十二小時的會戰到此結束了。

拿破崙打贏了這一仗，法軍損失約三萬人，損失了四十餘名優秀將領；俄軍英勇作戰，亡五點二萬人、二十餘名將軍。戰後，在波羅底諾戰場上共焚燒雙方的屍體達八點五萬具、死馬三點五四萬匹。

鑒於法軍兵力仍處於優勢，反攻時機尚未成熟，庫圖佐夫率俄軍繼續向東轉移。他決定放棄莫斯科並把城市付之一炬。拿破崙很快發現自己的四周全是廢墟，莫斯科三萬多座房屋只剩下五千座。拿破崙在莫斯科停留了三十五天。俄國人既不進行他所期待的總決戰，又拒絕和談。法軍由於補給奇缺、疾病、嚴寒等威脅，兵力不斷削弱，處境益發困難。拿破崙只好帶著擄掠的財富和輜重從莫斯科撤出。俄軍對退卻法軍實行多路平行追擊，不斷殺傷其力量。當困苦不堪的法國人在雪地裡艱苦跋涉並企圖渡過別列齊納河時，又遭到哥薩克騎兵的攻擊，最後只剩下二點七萬名殘兵敗將逃離了俄國。

一八一三年三月，歐洲各國利用拿破崙遠征俄國失敗之機組成了第六次反法聯盟。十月十七日到十九日，拿破崙與各國聯軍在萊比錫進行了決戰，雙方共投入六十萬兵力，聯軍人數比法軍多出一倍。在大戰方酣之際，拿破崙的盟軍薩克森軍隊突然宣布倒戈，使拿破崙更加寡不敵眾，遭到慘敗。一八一四年初，八十五萬聯軍進抵法國邊境，三月三十一日進入巴黎，拿破崙被迫宣布退位，被囚禁在地中海的厄爾巴島上。波旁王朝在聯軍刺刀的保護下復辟了。拿破崙利用法國人民對復辟王朝的不滿情緒，經過周密準備，於一八一五年二月二十六日晚，帶領一千〇五十名官兵，離開厄爾巴島，登上十艘小艦悄悄出航。他們巧妙地躲過了英國和法國的巡邏艦，三月二日在法國儒安港登陸，於三月二十日晚上九時進入巴黎。當時，整個歐洲還沒有從這突如其來的震驚中清醒過來，竟讓拿破崙不費一槍一彈，只用了二十天時間，就重建了帝國。復辟王朝國王路易十八（Louis XVIII）倉皇逃往法、比邊境。

正在維也納集會的歐洲各國君主聞訊立即組成了第七次反法聯盟。拿破崙也在倉促間召集了一支近二十萬的大軍前往迎敵。雙方在比利時的滑鐵盧，進行了最後一次決戰。

滑鐵盧位於布魯塞爾以南二十公里處。拿破崙正確估計到聯軍在七月一日前是不可能完成進攻準備的，因此，他決定爭取主動，先下手擊潰英國和普魯士的軍隊，不讓他們會合在一起。六月十六日，拿破崙在林尼附近擊退布呂歇爾率領的普魯士軍隊，並命令格魯希元帥（Emmanuel de Grouchy）率領步兵三點三萬人追擊普軍。布呂歇爾採用一種新奇的「逃跑戰術」，他忽東忽西，使法軍對他欲擒不能、欲罷不忍，不得不分散有限的兵力「疲於追趕殘敵」。

普軍在退卻路上故意丟下一些輜重和裝備，使格魯希竟認為布呂歇爾真的潰不成軍，不堪一擊。而布呂歇爾擺脫法軍追擊後即與英軍元帥威靈頓（Arthur

Wellesley）軍會合。由於格魯希未能拖住和殲滅布呂歇爾的普魯士軍隊，最後造成拿破崙的失敗——他將被迫同普英兩路敵軍同時作戰。六月十八日，英、法兩軍在滑鐵盧以南的聖讓山下相遇。拿破崙確信格魯希肯定能阻截布呂歇爾，所以沒有急於向占有山下有利地形的威靈頓軍隊發起攻擊。十一時拿破崙決定對威靈頓的左翼發動主要突擊，以防止普軍與英軍會合。法軍首先對威靈頓的右翼實施佯攻，但遭到英軍頑強抵抗，下午二時許，法軍開始進攻英軍左翼。由於法軍排成大縱深隊形，因而同時發起攻擊的能力有限，英軍頂住了法軍四次排山倒海般的攻勢。戰鬥進行了四個多小時，雙方都已精疲力竭，英軍漸漸不支。在這關鍵時刻，布呂歇爾元帥突然率領三萬名普魯士軍隊出現在法軍陣地的右前方。威靈頓及時抓住戰機，在黃昏來臨的時候發起總攻，法軍支持不住，開始撤退，不久退卻變成了逃跑。拿破崙被澈底地打垮了。這場血腥的廝殺持續了整整二十四小時，戰場上留下了二點五萬具法國士兵和二點二萬具聯軍士兵的屍體。

滑鐵盧戰役最後結束了拿破崙的政治生涯，一八二一年五月，拿破崙死在被反法聯軍流放的南大西洋的聖赫勒拿島上。

拿破崙在戰爭中興起，在戰爭中結束，他的存在就是為了戰爭。他的兵敗滑鐵盧成了傳世故事。

拿破崙是法國天才的象徵，他作為法國大革命的偉大領袖，為維護資產階級革命的成果，顯示出傑出的政治軍事才能。他因過分追求霸權而失敗。

西屬美洲殖民地獨立戰爭

西屬美洲殖民地獨立戰爭

時間　西元一八一〇年至一八二六年
參戰方　西班牙與其美洲殖民地
主戰場　墨西哥及中美洲
主要將帥　伊達爾戈（Miguel Hidalgo y Costilla）、西門・玻利瓦（Simón Bolívar）

這是美洲大陸西班牙殖民地人民為擺脫殖民統治而進行的戰爭。也是世界歷史上一次具有重要影響的資產階級革命。

西屬美洲殖民地獨立戰爭的過程可分為兩個階段：一八一〇年至一八一五年為第一階段。在這一階段，除祕魯、古巴外，絕大部分地區都爆發了武裝起義，建立了獨立政權，但掌握政權的土生白人獨立派不敢廣泛發動群眾，沒有提出符合人民群眾利益的政治經濟綱領。拿破崙失敗後，西班牙殖民者又捲土重來，到一八一五年底除拉普拉塔外，各地革命政權相繼被摧毀。一八一六年至一八二六年為第二階段。在這一階段，各地起義的領導者吸取了經驗教訓，提出了比較明確的革命目標和綱領，廣泛地發動群眾，建立革命軍隊，並打破了地區界限，彼此配合，互相支持，到一八二六年最終贏得了獨立戰爭的勝利。

墨西哥和中美洲是獨立戰爭的第一個中心區域。一八一〇年九月時六日在神父伊達爾戈領導下，墨西哥多洛莉絲鎮爆發武裝起義。不久起義軍增至八萬人，逼近墨西哥城。在一八一一 年初的瓜達拉哈拉決戰中，起義軍被西班牙殖民軍擊敗，不久伊達爾戈不幸被俘，慷慨就義。墨西哥人民為紀念這位起義領袖，稱之為「墨西哥獨立之父」，並把他起義的九月十六日定為墨西哥獨立日。此後在墨西哥南部領導武裝起義的莫雷洛斯（José María Morelos）成為獨立戰爭的新領導者，他率領起義軍在兩年內幾乎控制了整個墨西哥南部，並於一八一三年十一月正式宣布墨西哥獨立。

隨著波旁王朝在西班牙的復辟，殖民軍又集中兵力進行反撲。一八一五年起義軍遭受重創，莫雷洛斯也英勇犧牲。一八二〇年西班牙本國發生革命，墨西哥軍官伊圖爾維德（Agustín I）乘機率軍進入墨西哥城，宣布墨西哥獨立。一八二二年自立為帝。不到十個月便倒臺。一八二四年墨西哥共和國建立。在墨西哥獨立後，中美洲各省也於一八二一年擺脫西班牙宣布獨立，一八二三年建立新的聯邦共和國——中美洲聯合省，一八三八年分成瓜地馬拉、薩爾瓦多、尼加拉瓜、洪都拉斯和哥斯大黎加。

南美洲北部是獨立戰爭另一個中心區域。一八一〇年米蘭達（Francisco de Miranda）在委內瑞拉首府卡拉卡斯領導革命軍展開反西戰爭。次年召開國會，通過獨立宣言，成立委內瑞拉第一共和國。一八一二年西班牙殖民者利用卡拉卡斯劇烈地震發動進攻，占領卡拉卡斯，米蘭達被俘犧牲。西門・玻利瓦繼米蘭達成為獨立戰爭領袖。一八一三年他率軍攻入卡拉卡斯，次年建立委內瑞拉第二共和國，西門・玻利瓦被授予「解放者」光榮稱號，成為共和國首腦。一八一四年西班牙殖民軍捲土重來，在拉波塔戰役中打敗西門・玻利瓦軍隊，重占卡拉卡斯，第二共和國被扼殺。一八一六年逃亡國外的西門・玻利瓦在海地共和國大力支持下重整軍隊，在委內瑞拉東部登陸，給西班牙軍隊以沉重打擊。一八一八年西門・玻利瓦又建立委內瑞拉第三共和國。一八一九年六月西門・玻利瓦率領一支兩千五百人的軍隊，穿越原始森林和安第斯山，突襲哥倫比亞，在波哥大附近的波亞卡河戰役中打敗西班牙軍隊。一八一九年一二月包括委內瑞拉和新格林伍德在內的哥倫比亞共和國成立，西門・玻利瓦當選共和國最高統帥和總統。又經過三年的浴血奮戰，西門・玻利瓦的部隊摧毀了盤踞在委內瑞拉和厄瓜多爾等地的西班牙殘餘勢力，南美洲北部地方全部獲得解放。

南美洲南部是獨立戰爭第三個中心區域。一八一〇年布宜諾賽勒斯爆發群眾示威，推翻西班牙任命的總督，建立了臨時政府，附近各省紛紛響應。一八一六年各省代表在圖庫曼開會，正式宣布成立拉普拉塔聯合省，完全脫離西班牙而獨立。

為澈底摧毀西班牙殖民武裝力量，一八一七年聖馬丁（José de San Martín）率領五千人的軍隊艱苦跋涉，翻越海拔四千公尺終年積雪的安第斯山隘口，創造了軍事史上的一個最光輝的奇跡。隨即聖馬丁軍隊出其不意地出現在智利的西班牙守軍面前，殖民軍遭到慘痛打擊。一八一八年智利宣布獨立。一八二一年聖馬丁指揮遠征軍在祕魯人民的配合下解放利馬，祕魯宣布獨立，聖馬丁被授予共和國「護國公」稱號。一八二二年七月聖馬丁與西門・玻利瓦在瓜亞基爾會晤，共商解放祕魯，實現西屬美洲完全獨立的大計。會晤後聖馬丁辭去祕魯政府首腦職務。西門・玻利瓦在一八二四年八月指揮軍隊在胡甯平原的決戰中打敗西班牙軍隊。十二月在阿亞庫喬的

西屬美洲殖民地獨立戰爭

決戰中，革命軍以少勝多，取得決定性勝利，活捉西班牙駐祕魯總督、四名元帥和十名將軍，共俘敵兩千餘名。一八二五年祕魯宣布獨立，成立共和國。為紀念西門・玻利瓦的功績，取國名為玻利維亞共和國。一八二六年一月西班牙在美洲大陸上的最後一個據點卡亞俄的守軍全部投降，西屬美洲殖民地全部解放。

這場獨立戰爭涉及地區之廣、參加人口之多、鬥爭時間之長，在世界殖民地革命運動史上都是空前的。它結束了西班牙在美洲歷時三百年的封建專制的殖民統治，各殖民地贏得了政治獨立，先後建立了墨西哥等十五個拉美獨立國家，震撼了世界殖民體系。

美英戰爭

美英戰爭

時間　西元一八一二年至一八一四年

參戰方　英國、美國

主戰場　北美

主要將帥　阿姆斯壯、麥克多諾

美國獨立後，英國不甘心失敗，不斷從經濟、軍事和政治上對美國施加壓力，還在公海上任意劫持美國商船和水手。而美國則看上了當時還在英國統治下的富饒的加拿大，想以武力吞併。

一八一二年六月十八日，美國向英國宣戰，第二次美英戰爭爆發。

戰爭初期，美國在天時地利人和上占了絕對優勢，卻因指揮不當連連失利。

從一八一三年初至一八一四年初，英軍轉守為攻，大批英國海軍趕到北美，控制了制海權，封鎖了美國東海岸。雙方主要在通往加拿大的門戶——五大湖區展開激烈爭奪。美國吸取了前一階段作戰的經驗教訓，改組了指揮機構。由阿姆斯壯擔任陸軍部長，成立了總參謀部，提高了指揮效率。一八一三年初，美軍三路反攻底特律，英軍擊潰了其中兩路，美軍損失九百人。九月十日，美軍司令佩理率九艘軍艦組成的艦隊在伊利湖同英國艦隊激戰，迫使英國艦隊豎起白旗。這是英國海軍史上僅有的一次艦隊投降事件。美軍控制了伊利湖後，打開了通往安大略湖的通道，切斷了英軍供應線，英軍被迫撤出底特律。美軍哈利遜指揮三千五百人乘勝追擊，十月五日追上了英印聯軍。經激戰，美軍殲敵五百多人，生俘英軍六百人。接著，美軍兵分兩路，共一點三萬人向加拿大首府蒙特利爾發起鉗形攻勢，但被兩千名英印聯軍擊潰。到年終，英軍開始全面反攻，把美軍趕出了加拿大。這期間，戰爭還擴大到美國東海岸和墨西哥灣沿岸地區。一八一三年春天，英國陸海軍對緬因州至維吉尼亞的沿海地區進行騷擾和攻擊。美軍在諾福克保衛戰中獲勝，擊退了英軍的進攻。但在佛羅里達的米克斯堡之戰中，美軍被印第安人打敗。一八一四年到一八一五年一月，美軍粉碎了英軍的進攻，取得戰爭勝利。一八一四年初，美軍加強了隊伍建設。在五大湖區，美軍七月五日和七月二十五日在奇珀瓦和隆迪斯蘭兩次同英正規軍正面交鋒，並展開白刃戰。美軍由於經過強化訓練，戰鬥素質大大提高，把英軍打得潰不成軍，英軍損失近一千五百人。九月十一日，美軍五大湖區艦隊司令麥克多諾指揮一四艘美艦同兩倍於己的英艦隊交戰，擊斃英艦隊司令，俘英艦四艘，取得「麥克多諾大捷」（又稱普拉茨堡戰役），從而消除了英軍從加拿大入侵的威脅。八月在東海岸，英軍司令羅斯占領了華盛頓，將白宮等政府建築付之一炬。九月十二日至十四日，英軍進攻巴爾的摩戰鬥中，遭到美國頑強抗擊，羅斯戰死沙場。一八一五年一月，美軍取得了新奧爾良大捷。當時防守該城的安德魯・傑克遜（Andrew Jackson），組建了美國第一支黑人部隊。一月八日，五千多名英軍排成整齊隊形敲著軍鼓發起衝鋒。但是英軍的猛烈炮火打在事先準備好的沙包上，毫無殺傷力。傑克遜沉著地等英軍離得很近才下令開火。美軍躲在堅固的工事後面發射猛烈的火力，英軍死傷兩千多人，狼狽潰逃。美軍乘勝追擊，取得輝煌勝利。英軍連連戰敗，被迫求和。根據雙方簽訂的《根特和約》，英國承認美國獨立，美國也放棄對加拿大的領土要求。第二次美英戰爭以美國勝利而告終。

美國澈底擺脫英國政治和經濟的壓迫，贏得真正獨立，工業革命開始了。

希臘獨立戰爭

希臘獨立戰爭

時間　西元一八二一年至一八三二年

參戰方　希臘與奥斯曼帝國

主戰場　奥斯曼帝國境內

主要將帥　科羅克特羅斯（Theodoros Kolokotronis）

一九二〇年代，希臘人民開展了一場反抗土耳其統治、爭取民族獨立的戰爭。這場戰爭結束了奥斯曼帝國對希臘近四百年的軍事封建統治，是希臘社會發展史上的一個重要里程碑。

希臘長期處於奥斯曼帝國統治之下，廣大人民飽受痛苦和磨難。土耳其封建主殘酷壓迫希臘人民，強迫他們履行各種封建義務，激起廣大希臘人民的強烈反抗。另一方面，奥斯曼帝國統治集團內部昏庸無能，封建軍事專制制度嚴重制約希臘迅速發展的資本主義經濟。同時，土耳其境內暴動、反叛活動此起彼伏，這一切都給希臘獨立戰爭創造了良好的時機。

戰爭第一階段（一八二一年至一八二二年），希臘全民奮起，其中農民和新興民族資產階級是革命的主要力量。一八二一年三月四日，僑居俄國的希臘「友誼社」總負責人伊普斯蘭提斯越過俄國國界，率領起義軍在羅馬尼亞的雅西號召希臘人民起義。三月二十三日，起義波及伯羅奔尼薩斯半島南部各區。四月七日，斯佩采島宣布起義，支援伯羅奔尼薩斯半島起義，四月二十二日，普薩拉宣布起義；二十八日，伊德拉島起義軍民控制科林斯地區，五月七日，阿提卡地區的武裝村民衝進雅典，迫使土軍退守科林斯城。六月，伊普斯蘭提斯率起義軍進入希臘時，在德拉戈尚與土軍交戰，被土軍打敗，伊普斯蘭提斯逃亡奧地利，不久被捕。七月，戰鬥日趨激烈。十月五日，希臘軍民攻占特里波利斯城。一八二二年一月，起義軍在厄皮道爾召開首屆國民議會，宣布希臘獨立，成立國民政府。

戰爭第二階段（一八二二年至一八二七年），起義軍暫時失挫，土耳其政府不甘心失敗，開始對起義軍血腥鎮壓。開俄斯島軍民十萬人，一次就被土耳其軍隊血洗二點三萬人，四點七萬人被出賣當奴隸。一八二二年六月，土耳其軍隊對伯羅奔尼薩斯半島發動大規模反攻。土軍出動近三萬人，未遇抵抗，到達科林斯衛城。隨後，向南深入到伯羅奔尼薩斯內地，遭農民起義軍的伏擊，傷亡很大，潰不成軍，除少數逃脫外，全部被殲。

希臘軍民的勝利嚴重挫傷了土軍的士氣，士兵害怕送命，拒絕參戰，土軍陷入一片混亂。然而，希臘起義軍領導集團內部發生分裂，軍政首腦忙於權力之爭，貽誤了有利戰機。義軍未能乘土軍混亂之際，擴大戰果，解放中、北部地方，以贏得獨立戰爭的勝利。一八二四年四月，希臘召開第二屆國民議會，科羅克特羅斯被解除總司令職務。以科為代表的「民主派」不服，拒絕承認政府。希臘出現兩個政府並存的局面。伯羅奔尼薩斯的封建勢力乘機聯合「民主派」，反對「親歐派」，經過兩次激烈的武裝衝突，「民主派」遭失敗，科羅克特羅斯本人被捕。希臘內部戰爭結束，起義軍力量蒙受重大損失。

一八二四年七月，土耳其統治者與其藩臣埃及統治者簽訂協定，共同鎮壓希臘人民起義。希臘政府迫於社會輿論壓力，釋放科羅克特羅斯，再次委任其為總司令，但是，戰局已難扭轉，埃軍占領特里波利斯及半島絕大部分地區。一八二五年五月，土埃軍近四萬人聯合圍攻希臘西部重鎮——米索隆基市。經十一個月的圍攻和封鎖，守城軍民頑強戰鬥，寧死不屈。一八二六年四月二十二日，守城軍民英勇突圍，僅有三百多居民生還。

一八二七年六月，科林斯地區以北的希臘國土落入土耳其軍之手。戰爭第三階段（一八二七年至一八二九年），戰爭國際化。由於希臘獨立戰爭曲折的發展歷程，世界輿論加大，對歐洲大國利益的影響加深，促使俄、英、法等國的關注，尤其是沙俄政府的關注。

一八二七年七月六日，英、法兩國與俄國在倫敦簽訂三國協約，重申一八二六年彼得堡議定書的條款，並補充規定，要求希土雙方立即停火，否則三國將共同採取強制措施制止希臘戰爭。土耳其當局駁斥倫敦協約的一切條件，拒絕停止軍事行動。一八二七年十月二十日，英、法、俄三國艦隊與埃土艦隊在納瓦里諾海灣進行交戰。經四小時激烈海戰，埃土聯合艦隊遭重創。一八二八年四月，俄土戰爭相繼爆發，俄軍穿過巴爾幹半島，進入馬里查河谷，攻占阿德里安堡。一八二九年，土耳其被迫與俄國簽訂《阿德里安堡條約》，接受俄、英、法三國倫敦協約。

一八三〇年四月，土耳其政府接受英、法、俄於一八三〇年二月三日新的倫敦議定書，承認希臘獨立。

希臘獨立戰爭

希臘獨立戰爭使希臘人民獲得了獨立和解放。希臘成為巴爾幹半島最先得到獨立的國家，推動了巴爾幹地區的民族解放運動，加速了奧斯曼帝國的崩潰。

英緬戰爭

英緬戰爭

時間　西元一八二四年至一八二六年，一八五二年和一八八五年

參戰方　英國、緬甸

主戰場　緬甸

主要將帥　阿美士德（William Pitt Amherst）、班都拉（Maha Bandula）

從一九二〇年至一九八〇年，英國殖民者先後發動了三次侵略緬甸的戰爭，史稱英緬戰爭。

在英國入侵前，緬甸的人口約四百萬。統治緬甸的是雍笈牙王朝（一七五二年至一八八五年）。雍笈牙王朝實行封建君主專制統治。國王是封建主階級的總代表，被稱為「所有土地和水的所有者」、「白象的主人」、「生與死的主宰」。當時緬甸沒有通過考試或考核選拔官員的制度，政府官員都由國王挑選任免。稟承國王意旨行事的最

高國家機關，稱為「魯道」，一般由四個稱為「蘊紀」的高級官員主持工作。魯道處理內政外交的重大事務，兼有行政權和司法權。緬甸各地劃分為省，由國王派出官員進行治理。省一級的官員稱為「謬溫」或總督；在省內兼有行政、司法、稅收和軍事等大權。省以下的行政單位稱為「謬」。謬是英國入侵前緬甸基本的行政單位和社會組織，由一個城鎮及其附近的農村地區組成，一個大的「謬」方圓可達一百里，小的「謬」方圓十里左右。「謬」的統治者稱為「謬都紀」，其職務是世襲的，但新的謬都紀繼承父職，須上報魯道批准。「謬都紀」為封建王朝維護當地統治秩序，擁有行政、司法和稅收等方面的廣泛的權力。

從十六世紀末開始，西方殖民者就已多次在緬甸進行侵略擴張活動。但是，由於當時緬甸（包括東籲王朝時期）已經是一個幅員較為廣大的中央集權的封建國家，有力量對付外來侵略，而當時西方殖民者還沒有把緬甸作為主要的侵略擴張的對象。因此，直到第一次英緬戰爭前，緬甸還能維護本國的獨立和主權，並曾多次沉重地打擊入侵緬甸的殖民主義勢力。

一七八二至一八一九年是雍笈牙王朝的鼎盛時期。這時期，雍笈牙王朝對外戰爭逐步升級，多次出兵侵略暹羅（今泰國）和寮國等國。當時緬甸的西部和西北部邊境已擴展到現在印度的阿薩姆和曼尼坡，東部和東北部與中國接壤，東南邊境則與暹羅交界。

儘管緬甸在當時的東南亞堪稱強大，但它畢竟是東方一個落後的封建國家，生產力發展水準低下。到十九世紀初，英國資本主義生產已有很大的發展，進行殖民擴張和侵略的物質力量更為強大了。它已取代葡萄牙和荷蘭，成為在東南亞進行殖民擴張的主要國家。緬甸正是英國在東南亞進行殖民擴張的一個重要目標。

就是在這樣的歷史背景下，爆發了英國侵略緬甸的第一次英緬戰爭。

英國殖民者對南亞和東南亞地區的侵略和擴張連連得逞，使它漸漸逼近緬甸和越來越想控制緬甸了。因為緬甸的地理位置極為重要，它位於中國和印度之間，同印度東部和中國西南部有著漫長的邊界線。在英國殖民者看來，如果控制了緬甸，不但可以鞏固英印殖民地，而且可以打通進入中國西南各省的道路。一七九五年到一八一一年，英國東印度公司曾六次遣使到緬甸，企圖誘使緬甸封建王朝簽訂不平等條約。結果都遭到了失敗。但是，這些英國使者並非空手而歸，他們利用出使的機會深入緬甸首都，了解到更多的有關的情況，積極為東印度公司對緬甸進行殖民侵略出謀劃策。一七九五年出使緬甸的麥可・西姆斯就曾向英印殖民當局獻策說，「緬甸帝國內被稱為『勃固』的那一部分地區對於英屬印度的重要性，是與三個明確的目標相聯繫的」。這三個目標就是：（一）取得柚木的供應，用於造船。如果沒有柚木，在印度的英國海軍只能以很有限的規模存在；（二）使英國的產品儘量多地輸入緬甸；（三）防止英國以外的國家控制緬甸。西姆斯的這番話，清楚地暴露了英國殖民者對緬甸的侵略野心。因此，英國殖民者在誘使緬甸締約失敗後，就採取別的方式對緬甸進行殖民擴張。英國殖民者在與英屬印度交界的阿拉幹、曼尼坡和阿薩姆地區挑起了邊境衝突。他們積極支持逃入英屬印度的阿拉幹人、曼尼坡人和阿薩姆人進行反緬活動，利用這些人同緬甸封建統治者的矛盾，在緬印邊境多次製造事端，惡化雙邊關係。最後，利用刷浦黎島事件，挑起了第一次英緬戰爭。

內夫河口的刷浦黎島，位於阿拉幹和吉大港之間。對於這個島的歸屬，當時緬甸和英印當局是有爭議的。一八二三年二月，一支英軍占領刷浦黎島，在島上豎起了英國國旗。緬甸阿拉幹總督要求英軍撤出該島，遭到英方拒絕。在這種情況下，一千多名緬甸士兵奉命於九月二十四日在該島登陸，驅逐了英軍。不久，緬軍撤回，英軍又占領了該島。阿拉幹總督再次要求英軍撤出，並且警告說，否則，緬甸方面將再次使用武力，奪回該島。但是，英方對此置之不理，刷浦黎島上的英軍也賴著不走。形勢越來越緊張了。

一八二四年一月，緬甸名將班都拉接任阿拉幹總督的職務後，立即派出軍隊，再度驅逐英軍，占領刷浦黎島。早已圖謀發動侵緬戰爭的英國殖民者，趁機製造發動侵略戰爭的輿論。英印當局聲稱，由於緬甸方面「進攻和殺害我們在刷浦黎的守軍」，「實際上使兩國已經處於交戰狀態」。一八二四年三月五日，英印總督阿美士德（一八二三年至一八二八年）宣稱，「為了維護英國政府的權利和榮譽」，英國正式向緬甸宣戰。

英國侵略軍兵分三路，大舉入侵緬甸。第一路侵略軍沿布拉馬普得拉河入侵阿薩姆，第二路進攻阿拉幹，第三路則從海上進攻緬甸南部。英國侵略軍的主要顧問，是曾經三次出使緬甸的坎甯上尉。

戰爭最早是在阿薩姆打響的。一三日，英軍沿著布拉馬普得拉河進犯阿薩姆，沿途散發了「致阿薩姆人宣言」，把侵略阿薩姆說成是對阿薩姆人的「援助」，是為了「把緬甸人驅逐出去」，建立一個「符合阿薩姆人需要的、促進各階級幸福的政府」。駐守阿薩姆的緬軍頑強地抵抗英軍，在阿薩姆首府朗普爾以堅固的柵欄作為防禦工事，阻擊英軍。一八二五年一月，英軍在做了充分的準備後，對朗普爾發起猛烈的進攻，集中大炮猛烈轟擊緬軍陣地，摧毀了柵欄工事。緬軍在不利的情況下浴血奮戰，仍擊斃了許多英軍士兵，打傷了侵略軍頭子理查茲。英軍付出沉重的代價，才攻占朗普爾，控制了阿薩姆，在這一戰場上取得了勝利。

一八二四年五月初，緬軍總司令班都拉率領大軍渡過緬印邊界的內夫河，一舉攻占英印吉大港地區的重鎮、港口城市拉特納帕蘭。

緬軍在拉特納帕蘭的大捷，引起了孟加拉英國殖民當局的極大恐慌，甚至在加爾各答也引起震動，一些商人攜帶家屬和財產逃離該城。英印當局擔心緬軍乘勝進攻吉大港，急忙調集軍隊前去增援。

從陸路進攻的英軍，憑藉著先進的武器裝備，步步向前推進，於一八二五年三月下旬兵臨阿拉幹首府末羅漢城下。緬軍嚴陣以待，打退了英軍的第一次進攻。英軍再次發動猛烈進攻，英軍攻占末羅漢後，又占領阿拉幹全境。在阿拉幹戰場上，英軍雖然取得了勝利，但是，由於遭到緬甸軍民的頑強抵抗和巧妙襲擊，又傳染上流行性疾病，損失極為慘重，傷亡共達數千人。英軍總指揮摩利遜將軍也染疾喪命。

第一次英緬戰爭的第三個戰場，是在伊洛瓦底江中下游地區。這個地區開戰的時間雖然較前兩個戰場晚，但它卻是第一次英緬戰爭中的主要戰場。

一八二四年五月九日，由六三艘軍艦組成的一支龐大的英國海軍艦隊，運載著一萬一千餘名士兵，離開安達曼群島，駛向緬甸沿海。英軍登陸後，憑著優勢兵力，迅速占領了仰光。不過，侵略軍得到的只是一座空城，因為當地居民已經帶著糧食、牲畜等撤出仰光。英軍大隊人馬遠道而來，「既無所掠，糧運又不繼」，只得勒緊褲帶，困駐空城，處境十分狼狽。這時雨季已到，陰雨連綿，氣候濕熱，英軍中疾病流行。萬餘人的部隊，只有四千人還能作戰。英國將軍科頓寫信給班都拉，要他率緬軍投降。班都拉在覆信中義正辭嚴地回答說：「你會看到，我將堅定不移地保衛我的祖國。如果你作為朋友而來，我讓你參觀達柳漂。如果你作為敵人而來，那就來吧！」

在科頓誘降失敗後，英軍就向緬軍駐守的塔堡發起進攻，但被緬軍擊退，損失慘重。三月二五日，英將坎貝爾率領增援部隊趕到。四月一日，英軍發起大規模的進攻，炮彈雨點般地落到緬軍陣地上。班都拉當即身亡。緬軍失去總指揮，猶如群龍無首，陷入混亂之中。英軍隨即擊潰緬軍，占領達柳漂，並繼續北上，於三日攻占卑謬。只是因為又一個雨季到來了，道路泥濘，英軍不得不暫時停止北進。

班都拉之死和達柳漂、卑謬的陷落，在緬甸上層統治集團內部引起很大的震動。一些官員主張同英軍議和。在談判中，英國侵略者提出了要緬甸割讓阿拉乾等地、賠款兩百萬英鎊的苛刻條件。這樣的割地賠款要求，是緬甸封建王朝聞所未聞的。緬王認為接受英方條件有損自己的尊嚴，而且，一時也無法籌集鉅款。因此，緬方代表宣稱割地賠款不符合緬甸的習慣，拒絕了英方提出的條件。

談判失敗，戰局重開。十月，緬軍一萬餘人（其中多數是撣族人），向集結在卑謬的英軍展開反攻。緬軍一開始曾重創英軍，打死英軍上校麥克諾道爾和士兵多人。但是十一月底英將坎貝爾率領七千援兵趕到，英軍力量大大增強，緬軍反攻失敗。在這次卑謬之戰中，英軍官兵傷亡一百八十餘人。而緬軍傷亡達兩千餘人。

卑謬反擊戰失敗後，緬軍力量大為削弱。英軍沿伊洛瓦底江而上，長驅直入，於一八二六年一月先後攻占敏巫和仁安羌。二月初，緬甸政府又匆匆調集軍隊，駐防古都蒲甘，但緬軍已無力抵擋英軍進攻。英軍攻占蒲甘後，繼續北上，進抵距離緬甸首都阿瓦僅一日之程的揚達波。緬甸封建王朝在外國侵略軍威脅到它統治的存在的嚴重關頭，完全喪失了繼續抵抗的信心，為了換取王朝的苟安和對人民的統治，再次派出代表團，帶著原來被監押在阿瓦的全部歐洲人，到揚達波與英方進行談判，無條件地接受了侵略者提出的全部要求，於一八二六年二月二十四日正式簽訂了喪權辱國的《揚達波條約》。

一八二六年九月，英國特使約翰・克勞夫特出使緬甸首都阿瓦，迫使緬甸政府與英國東印度公司簽訂了一項商業協定，規定英國商人可以在緬甸境內自由貿易和旅行。一八三〇年，英印總督本廸克（一八二八至一八三五年）派亨利・伯尼出任駐阿瓦的使節。亨利・伯尼在緬甸上層官員中積極活動，到一八三〇年就取得了同緬甸官員一起出席緬王朝會的權利。他利用這一便利，了解了緬甸統治集團上層的許多情況。他利用合法身分，沿薩爾溫江而上，深入到撣邦進行間諜活動，還派他的弟弟喬治・伯尼搜集從阿瓦到阿拉幹沿途的情報，等等。一八三四至一八三七年，又有英國人理查森和麥克勞德兩人到緬甸撣邦活動，搜集情報。

一八五二年四月一日，英印當局不宣而戰，發動了第二次英緬戰爭。十三日，緬軍撤出，英軍迅速占領了仰光。五月間，英軍又攻占了馬都八和勃固兩座重鎮。大賀胥親自出馬，到仰光指揮軍事行動。六月初，英軍占領勃固。雨季過後，英軍繼續北上，在十月十五日攻占卑謬。

到十月底，英國侵略軍已經占領了第悅茂以南的整個下緬甸。英國政府認為戰爭的主要目的已經達到，要大賀胥與緬甸政府簽訂一項條約，以便如同在第一次英緬戰爭以後那樣，「名正言順」地取得權益。但是，大賀胥認為，「締約是毫無價值的」。

「要使緬甸人不採取敵對態度，就要使他們對我們的力量感到恐懼。」由於倫敦方面堅持締約，大賀胥只好在十一月十六日給緬甸國王送去了一份和約草案。草案中恬不知恥地聲稱，英國要與緬甸建立「永久的和平和友誼」。但接著就原形畢露，要求緬甸政府把勃固省割讓給英印政府。緬甸政府對此置之不理。十二月二十日，英國殖民者公然單方面宣布，「勃固省現在已成為，將來也永遠是大英帝國在東方的領土的一部分」。

緬甸封建王朝的魯道正式宣布廢黜蒲甘王（Maung Biddhu Khyit），擁戴敏東（Mindon Min）為緬甸國王。

敏東即位後，幻想通過談判，說服英國殖民者把勃固省歸還緬甸。四月，他派出使團到卑謬，同英方進行談判。談判進行了一個多月，最後由於英方不肯歸還勃固省而不了了之。

下緬甸的各省人民並不俯首聽命於英國的殖民統治。他們勇敢地舉起了反抗的旗幟。在抗英隊伍中不僅有緬人，而且有孟人、克倫人等少數民族群眾。卑謬的一個緬人謬都紀納耶通領導的反英隊伍，在一八五三年初聚眾達數千人，給英國侵略者的打擊最為沉重，曾在一次作戰中打退英軍五百餘人的進攻，打死打傷侵略者八十餘人。

最後，英軍出動了數千人，才把這支隊伍鎮壓下去。一八五七年，下緬甸又爆發了聲勢浩大的克倫人反英起義，英國殖民當局費了九牛二虎之力，才把這次起義鎮壓下去。在英國侵占下緬甸後的十年中，殖民當局的主要精力一直用於鎮壓緬甸各族人民的反抗，以建立穩定的殖民統治。

第二次英緬戰爭後，英國在一八六二年將阿拉幹、丹那沙林和勃固合併，稱為英屬緬甸，以仰光為首府。英屬緬甸由英印總督管轄，實行殖民統治。英印政府任命亞瑟．潘爾為英屬緬甸專員（首席長官）。

一八八五年英國已經結束了阿富汗戰爭，鎮壓了非洲祖魯人的反抗，而法國正忙於對中國和越南的侵略戰爭。英國殖民者抓住了這一時機，藉口緬甸政府對「柚木案」的判決是迫害英國商人，決定再次發動侵緬戰爭。十月十五日，英印總督杜弗林（一八八四年至一八八八年）寫信給英國印度事務部祕書說，「如果錫袍王給我們一個合法的藉口，它也許正合我們的胃口——吞併這個國家，或把它置於我們的保護下。」「柚木案」因此就成了英國殖民者發動第三次英緬戰爭的「合法的藉口」。

十一月十三日，英國正式向緬甸宣戰。英國侵略軍總司令從外交部得到指示：必須占領曼德勒，廢除錫袍王。這次侵緬英軍共一萬餘人，裝備精良，擁有的機槍「比歷次在印度打仗使用的機槍都要多」。由於英國人早已繪製了伊洛瓦底江沿岸的要塞分布和地形圖，侵略軍對緬軍的布防情況也十分清楚。因此，侵略軍在軍事上占有比第二次英緬戰爭時更大的優勢。

第三次英緬戰爭僅僅進行了半個月，幾乎沒有打一場像樣的仗，就以緬甸的失敗告終。

一八八六年一月一日，英印總督根據倫敦英國政府的指示，公布了併吞緬甸的決定，其中說：「奉女王陛下的命令，過去由錫袍王統治的全部地區，現在已成為女王陛下領土的一部分，將按照女王陛下的意志，由英印總督委任官員進行治理。」

至此，整個緬甸完全淪為英國的殖民地。

英緬戰爭是英國殖民擴張的一個進程，為英國侵略中國西南鋪平了道路。同時也充分說明落後就要挨打的事實。

土埃戰爭

土埃戰爭

時間　西元一八三一年至一八三九年

參戰方　土耳其、埃及

主戰場　敘利亞

主要將帥　穆罕默德・阿里（Muhammad Ali）

一八二四年土耳其蘇丹無力鎮壓希臘獨立戰爭，要求埃及總督穆罕默德・阿里出兵援助，並許諾以敘利亞、克里特等地為酬。希臘獨立戰爭結束後，土耳其蘇丹將克里特送給阿里作為酬報，但拒絕了阿里索取敘利亞的要求。第一次土埃戰爭由此引發。

一八三一年十月，阿里以要求蘇丹履行諾言為藉口，派其子易卜拉欣帕夏(Ibrahim Pasha)率領埃及二萬大軍，從海陸兩路進攻敘利亞。當時土耳其因希臘

土埃戰爭

戰爭的失敗和俄國的入侵處境困難，敘利亞人民也想借助埃及力量趕走土耳其人。因此埃及軍隊所向披靡，不到一年已占領整個敘利亞，並深入小亞細亞，直逼奧斯曼土耳其帝國都城君士坦丁堡。一八三二年十二月，土耳其蘇丹孤注一擲，在科尼亞集結六萬重兵，結果卻被三萬埃軍擊潰，君士坦丁堡危在旦夕。得不到英法兩國援助的蘇丹只能向其夙敵俄國求助。俄國派軍一點二萬人在小亞細亞登陸，截斷埃軍通往君士坦丁堡的道路。此舉引起英國與法國的不安，於是英法兩國也出面干預，調停土埃衝突，逼迫土埃雙方在一八三三年五月簽訂屈塔希亞和約：規定土耳其將敘利亞、阿達納和克里特交給埃及統治，同時埃及也承認土耳其的宗主權。這是一個土埃兩國都不滿意的條約，雙方都在等待時機再次較量，其結果便導致第二次土埃戰爭。

一八世紀以來英國一直企圖奪取埃及作為英國向阿拉伯各國和非洲大陸擴張的基地，而從一八三三年土埃和約後，逐漸強盛起來的埃及顯然成為英國擴張計畫實施的障礙。此外穆罕默德·阿里拒絕在埃及履行一八三八年英土商務協定，這更使英國惱羞成怒。英國決心挑起土埃再次衝突，以便乘機從中漁利。於是英國便慫恿土耳其蘇丹向埃及復仇。

一八三九年四月，土軍渡過幼發拉底河，向敘利亞推進。六月埃軍開始反攻，在尼西布戰役中殲滅土軍主力，埃軍再度進入土耳其本土。七月四日土耳其海軍投降，君士坦丁堡再次受到威脅。這時西方列強又出面干預。一八四〇年七月英國、俄國、普魯士、奧地利簽訂倫敦條約，約定以武力援助土耳其。該年九月英奧聯合艦隊封鎖敘利亞海岸，受挫的埃軍只好撤出紅海東岸地區。該年十一月英國軍艦進逼埃及亞歷山大里亞港口，穆罕默德・阿里被迫同英國簽訂英埃協定，承認土耳其宗主權，定期納貢，縮減軍隊，接受一八三八年英土商務協定，同時保留埃及和蘇丹的世襲領主權。此後，歐美殖民列強，特別是英國和法國，便將大量商品和資本投入埃及，為控制這塊亞、非、歐三大洲戰略要衝的富庶之地展開了更加激烈的角逐。結果，埃及民族工業被摧垮，阿里改革所取得的成果逐步喪失，埃及逐漸淪為列強的殖民地。

兩次土埃戰爭嚴重削弱了奧斯曼土耳其帝國的力量，引起帝國內外局勢的日趨惡化，其半殖民地地位日益加深。同時穆罕默德・阿里創建埃及大帝國的計畫也因歐洲列強的干預而破滅，埃及開始淪為歐洲列強的殖民地。

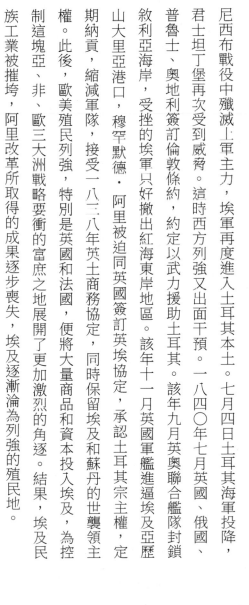

電子書購買

國家圖書館出版品預行編目資料

戰爭沒有你想的那麼簡單：玫瑰戰爭 X 宗教戰爭 X 獨立戰爭 X 起義戰爭 / 潘于真, 李亭雨著. -- 第一版. -- 臺北市：崧燁文化事業有限公司, 2021.08

面； 公分

POD 版

ISBN 978-986-516-785-1(平裝)

1. 戰史 2. 世界史

592.91 110011726

戰爭沒有你想的那麼簡單：玫瑰戰爭╳宗教戰爭╳獨立戰爭╳起義戰爭

臉書

作　　者：潘于真，李亭雨

發 行 人：黃振庭

出 版 者：崧燁文化事業有限公司

發 行 者：崧燁文化事業有限公司

E-mail：sonbookservice@gmail.com

粉 絲 頁：https://www.facebook.com/sonbookss/

網　　址：https://sonbook.net/

地　　址：台北市中正區重慶南路一段六十一號八樓 815 室

Rm. 815, 8F., No.61, Sec. 1, Chongqing S. Rd., Zhongzheng Dist., Taipei City 100, Taiwan (R.O.C)

電　　話：(02)2370-3310　　**傳　　真**：(02) 2388-1990

印　　刷：京峯彩色印刷有限公司（京峰數位）

定　　價：350 元

發行日期：2021 年 08 月第一版

◎本書以 POD 印製